电网工程
全过程造价咨询

国网江苏省电力有限公司建设分公司 编

中国电力出版社
CHINA ELECTRIC POWER PRESS

图书在版编目（CIP）数据

电网工程全过程造价咨询／国网江苏省电力有限公司建设分公司编．—北京：中国电力出版社，2022.12

ISBN 978-7-5198-7224-3

Ⅰ．①电…　Ⅱ．①国…　Ⅲ．①电网－电力工程－造价管理　Ⅳ．①TM727

中国版本图书馆 CIP 数据核字（2022）第 220585 号

出版发行：中国电力出版社
地　　址：北京市东城区北京站西街 19 号（邮政编码 100005）
网　　址：http://www.cepp.sgcc.com.cn
责任编辑：石　雪　高　畅
责任校对：黄　蓓　王海南
装帧设计：赵丽媛
责任印制：钱兴根

印　　刷：廊坊市文峰档案印务有限公司
版　　次：2022 年 12 月第一版
印　　次：2022 年 12 月北京第一次印刷
开　　本：710 毫米 ×1000 毫米　16 开本
印　　张：14.75
字　　数：205 千字
定　　价：75.00 元

版权专有　侵权必究

本书如有印装质量问题，我社营销中心负责退换

《电网工程全过程造价咨询》
编 委 会

主　任　郭　浩

副主任　孙发国　许建明　徐鑫乾　凌　建　何宏杰　夏　睿

委　员　沙俊强　谢洪平　鄢洪林　叶嘉雯　苗　艺　吴含滋

吕桂萍　尚　晓　凌宇辰　董惠婷　刘　毅　石　梁

李　腾　王杰玉　曹　影　钱　城　查显光　戴　威

杜长青　徐明友　杨　洁　杨永前　黄　涛　陈金林

尹凌霄　唐自强　李　迎　鲁延辉　聂麟鹏　蒋　骏

刘云飞　杨　婧　王娟娟　周　萍　吴　俊　雷　健

罗长坤　朱爱明　黄　煌　李京哲　罗日文　喻　聪

董厚琦　林嘉琳

前言

PREFACE

造价管理贯穿电网工程初步设计至竣工决算各个阶段，涉及建设管理、设计、施工、监理、造价咨询等多个相关方，在实际工作中存在管理周期长、风险因素多、协调难度大等问题。为提高大中型电网工程的造价管理水平，促使投资管控向高质量、高标准、高效率方向发展，在《电网工程建设预算编制与计算规定（2018年版）》将“工程结算审核费”调整为“施工过程造价咨询及竣工结算审核费”的背景下，国网江苏省电力有限公司（以下简称“国网江苏电力”）创新性地提出电网工程全过程造价咨询的管理理念，通过借助造价咨询单位的专业力量，加强各单位的横向协同和各阶段的纵向联动，建立起系统、完善的全过程造价咨询管理体系，提高了电网工程投资管控的力度与精度。

为探索和积攒全过程造价咨询工作经验，2020年起，国网江苏电力选取三项500kV沿海输变电工程和长江大跨越线路工程试点开展全过程造价咨询工作。随着试点工程陆续竣工投产，全过程造价咨询在经济方面和管理层面均取得了显著工作成效。在此背景下，本书总结了全过程造价咨询开展的标准模式，旨在推广全过程造价咨询的有效经验，拓宽全过程造价咨询的应用范围。本书在实用性、专业性、指导性方面具有重要意义。

本书对全过程造价咨询的概念、工作机制、重点内容、创新应用等方面进行全方位介绍。全书共分为七章，第一章介绍电网工程造价管理的基础知识与国家电网有限公司系统内先进造价管理经验；第二章介绍电网工程全过程造价咨询的组织模式、工作原则、标准化管理流程、管理机制等工作机制；第三章介绍电网工程全过程造价咨询的11项重点管理内容；第四章介绍全过程造价咨询四项试点工程的具体开展过程、工作细节和取得成效；第五章介绍全过程造价咨询开展过程中的标准化研究工作；第六章介绍了全过程造价咨询信息化应用；第七章综合试点经验，总结了全过程造价咨询的管理、经济和推广成效，提出发现的问题及相关的工作建议。

国网江苏电力是国家电网有限公司规模最大的省级电网公司之一，现已初步形成以“一交三直”特高压混联电网为骨干骨架，各级电网协调发展的坚强智能电网。国网江苏电力建设分公司作为国网江苏电力直属单位，负责江苏省内所有500kV及以上电网工程的建设管理工作，长期有力支撑高端电网建设。江苏电网工程主要采用两阶段结算模式：第一阶段为建设部审核，第二阶段为审计部审计，本书提及的全过程造价咨询单位即为工程结算第一阶段审核单位。

本书由国网江苏电力牵头指导，建设分公司负责具体编写工作，正中国际项目管理集团有限公司、江苏兴光项目管理有限公司、立信国际工程咨询有限公司和江苏经天纬地建设项目管理有限公司四家公司在本书编写过程中提供了大力支持，在此对他们表示感谢。

由于编写时间有限，书中若有疏漏或不妥之处，希望各位读者提出宝贵意见，以便不断完善。

编者

2022年11月

目 录

CONTENTS

前 言

第一章 概述 / 001

第一节 基本概念 / 002

第二节 工程项目全过程造价发展 / 005

第三节 电网工程造价标准体系 / 012

第四节 电网工程造价构成 / 016

第五节 电网工程造价计价模式 / 030

第六节 电网工程造价管理优秀做法 / 035

第二章 电网工程全过程造价咨询工作机制 / 041

第一节 组织模式 / 042

第二节 工作原则 / 051

第三节 标准化管理流程 / 052

第四节 管理机制 / 054

第三章 电网工程全过程造价咨询管理内容及措施 / 069

第一节 初步设计概算审查 / 070

第二节 施工图预算审查 / 074

第三节 工程量清单及招标控制价审核 / 078

第四节 隐蔽工程及工程量确认 / 083

第五节　工程进度款及农民工工资支付审查　/　086
第六节　设计变更及现场签证审查　/　089
第七节　暂估价及新增乙供材料核价　/　093
第八节　分部结算审查　/　095
第九节　建设场地征用与清理费用汇总　/　100
第十节　竣工结算审查　/　101
第十一节　造价分析　/　106

第四章　电网工程全过程造价咨询案例　/　111

第一节　500kV 沿海输变电工程一全过程造价咨询　/　112
第二节　500kV 沿海输变电工程二全过程造价咨询　/　126
第三节　500kV 沿海输变电工程三全过程造价咨询　/　132
第四节　500kV 线路工程全过程造价咨询　/　140

第五章　电网工程全过程造价咨询标准化研究　/　151

第一节　推行 500kV 输变电工程标准化工程量清单　/　152
第二节　建立变电站工程乙供设备材料价格库　/　155
第三节　开展多环节造价对比　加强造价管理力度　/　162
第四节　开展专项工程造价分析　提升造价管控精度　/　166
第五节　测算内外审合理偏差率　/　176
第六节　应用造价全流程管控卡　/　179
第七节　建立全过程造价标准化档案　/　190

第六章　电网工程全过程造价咨询信息化应用　/　193

第一节　设计变更及签证线上审核系统的应用　/　194
第二节　全过程造价咨询智能管控系统的应用　/　197

第三节　基于 BIM 平台的 4D 造价管控系统的应用 / 204

第四节　造价咨询业务综合管理系统的应用 / 211

第七章　电网工程全过程造价咨询成效与建议 / 215

第一节　实践成效 / 216

第二节　问题汇总 / 219

第三节　工作建议 / 221

参考文献 / 223

第一章

概　述

本章结合国家电网有限公司相关管理制度和电力行业定额，从电网工程造价管理的基本概念出发，依次介绍电网工程项目全过程造价发展现状、电网工程造价标准体系、造价构成及计价模式，并梳理了当前电网工程先进造价管理经验，以期帮助读者对电网工程全过程造价管理进行概念性了解和系统性认识。

第一节

基本概念

一、电网工程

电网工程分为电网基建工程和电网生产工程。其中电网基建工程分为输变电工程、配电网工程和其他工程，电网生产工程又分为技改工程、检修工程和其他工程。

本书所提的电网工程主要指电网基建工程中的输变电工程。

二、工程造价

根据中华人民共和国住房和城乡建设部发布的《工程造价术语标准》（GB/T 50875—2013），工程造价是指构成项目在建设期预计或实际支出的建设费用。

电网工程的工程造价是指输变电工程预期或实际的建造费用或价格。根据不同的建设阶段，主要分为投资估算、初步设计概算、施工图预算、工程结算和竣工决算等。

1. 投资估算

投资估算是指以可行性研究文件、方案设计为依据，按照《电网工程建设预算编制与计算规定》及估算指标或概算定额等计价依据，对拟建项目所需总投资及其构成进行的预测和计算。经具有相关专业资格人员根据建设预算编制方法进行编制，形成的技术经济文件为投资估算书。

2. 初步设计概算

初步设计概算是指以初步设计文件为依据，按照《电网工程建设预算编制与计算规定》及概算定额等计价依据，对建设项目总投资及其构成进行的预测和计算。经具有相关专业资格人员根据建设预算编制方法进行编制，形成的技术经济文件为初步设计概算书。

3. 施工图预算

施工图预算是指以施工图设计文件为依据，按照《电网工程建设预算编制与计算规定》及预算定额等计价依据，对工程项目的工程造价进行的预测和计算。经具有相关专业资格人员根据建设预算编制方法进行编制，形成的技术经济文件为施工图预算书。

4. 工程结算

工程结算是指对工程发承包合同价款进行约定和依据合同约定进行工程预付款、工程进度款、工程竣工价款结算的活动。工程结算范围包括工程建设全过程中的建筑工程费、安装工程费、设备购置费和其他费用等。经具有相关专业资格人员根据合同和电力行业工程结算规定进行编制，形成的成品文件为工程结算书。

5. 竣工决算

竣工结算是指建设工程项目完工交付之后，由项目建设单位根据有关规定，编制综合反映建设项目从筹建到竣工投产为止的全部建设费用、建设成果和财务状况总结性文件的过程。按照规定格式编制竣工结算，反映建设项目实际造价和投资效果的成品文件为竣工决算书。

6. 工程量清单

工程量清单是指载明了输变电工程分部分项工程项目、措施项目和其他项目的名称和相应数量以及规费和税金等内容的明细清单。

7. 工程预付款

工程预付款是由建设管理单位按照合同约定，在正式开工前由建设管理单位预先支付给承包人，用于购买工程施工所需材料和组织施工机械、人员进场的价款。

8. 工程进度款

工程进度款是指建设管理单位在合同工程施工过程中，按照合同约定对付款周期内施工单位完成的合同价款给予支付的款项。双方应按照合同约定的时间、程序和方法，根据计量结果，办理期中价款结算，支付进度款。

其中，工程计量指根据合同约定，对已经完成的质量合格的工程实体数量进行测量与计算，可选择按月或按工程形象进度分段计量，具体计量周期在合同中约定，并以物理计量单位或自然计量单位进行表示、确认的过程。

9. 农民工工资支付

按照《保障农民工工资支付条例》（国务院令第724号）规定，强化合同管理、现场管理、分包管理，规范农民工工资实名制管理、代发制度、支付形式，落实各方责任和义务，全力保障农民工合法权益。

10. 设计变更

设计变更是指合同工程施工过程中因设计或非设计原因引起的对施工图设计文件的改变。其中设计原因是指设计单位的勘察设计深度、设计文件内容等设计质量的原因。非设计原因是指工程建设环境、政策法规和标准规范发生变化，或施工、建设管理等单位要求改变的原因。

11. 现场签证

现场签证是在施工过程中除设计变更外，其他涉及工程量增减、合同内容变更以及合同约定发承包双方需确认事项的签认证明。

12. 分部结算

分部结算是指依据施工合同约定，结合工程形象进度、施工转序、分部工程完成节点，在建设过程中对施工现场已完工的单项工程、单位工程或分部工程进行价款预结算的活动。

13. 造价分析

基建工程造价分析，是对已完成竣工决算的工程，通过统计造价相关数据，梳理分析工程费用构成和变化情况，查找影响造价的主要因素，掌握趋势，持续完善改进造价管理方法为公司投资决策提供支撑的工作。

三、全过程造价咨询

2017年2月，《国务院办公厅关于促进建筑业持续健康发展的意见》（国办发〔2017〕19号）中倡导“培育全过程工程咨询”，鼓励建设工程委托全过程工程咨询服务。在此背景下，2020年5月发布的《电网工程建设预算编制与计算规定（2018年版）》中将原“结算审核费”修改为“施工过程造价咨询及竣工结算审核费”，电网工作全过程造价咨询工作由此展开。

全过程造价咨询是指依据国家有关法律、法规，根据工程合同和建设资料，建设管理单位委托具有相关资质的咨询企业建立由项目设计、施工、监理等各方参与的造价确定与协同管理机制，并在项目实施各个阶段、各个环节对项目各专业造价采用预测、计量、监督、确定等手段实现工程造价动态控制的管理活动。

第二节 工程项目全过程造价发展

一、工程造价管理发展历程

在工程造价管理理论发展上，主要存在三种管理模式：全生命周期工程造价管理、全面工程造价管理和全过程工程造价管理。其中，全过程工程造价管理是比较成熟，同时也是我国工程造价管理应用比较普遍的一种管理模式，全生命周期工程造价管理在国外已经应用得比较普遍，但在我国还处于探索阶段，全面工程造价管理是目前造价管理理论中的一种新型理论，还处于探索完善阶段。

20世纪70年代末，英美造价工程界的学者和实践工作者提出了以实现整个生命周期总造价最小化为目标的“全生命周期造价管理”理论。这一时期产生了许多有代表性的学术著作，如《全生命周期造价模型及可能的应用》《工程项目全生命周期造价核算》等。

20世纪80年代中期，我国工程造价管理领域的学者和实践工作者提出了对工程项目进行“全过程造价管理”的思想。在1997年《建设工程造价管理工作要素》中提出“要从建设工程的前期工作开始，采取‘全过程、全方位’的管理方针”。

进入20世纪90年代后，工程项目造价的工作内容发生了很大变化，除了传统的、仅仅局限于工程造价的确定和狭义的工程造价控制外，还包括了经济、风险、价值等方面的分析，以及项目、资源、进度、质量、合同、信息技术等方面的管理，由此提出了“全面造价管理”的概念，美国造价工程师协会在《全面造价管理指南》中对全面造价管理做出了如下定义：“全面造价管理就是通过有效的专业知识和专门技术去计划和控制资源、造价、盈利和风险。”

工程造价管理发展历程见表1–1。

表1–1　　工程造价管理发展历程

时间	事件
16世纪	英国开始项目管理专业分工的细化，工程项目造价确定与控制的专门职业在英国诞生
19世纪	英国成立“皇家特许测量师协会”，标志着工程造价管理专业正式诞生

续表

时间	事件
20世纪30年代	经济学的原理开始被应用到工程造价领域
20世纪50年代	工程造价管理从理论与方法的研究，到专业人才的培养和管理实践的推广都有很大发展。各发达国家相继成立了本国的工程造价管理协会
20世纪70年代	国际造价工程联合会成立，工程造价管理在理论与方法的研究方面得到全面发展
20世纪80年代	英国工程造价管理学界提出了“全生命周期造价管理”的工程项目投资评估与造价管理的理论与方法
20世纪80—90年代	我国提出了全过程造价管理，要求工程造价的计算与控制必须从立项就开始全过程的管理活动，从前期工作开始抓起，直到竣工为止
20世纪90年代	美国工程造价管理学界提出了“全面造价管理”这一涉及工程项目战略资产管理、工程项目造价管理的概念和理论

二、全生命周期造价管理

1. 概念

1974年6月，英国学者戈登（A.Gordon）在《建筑与工料测量》上发表文章《3L概念的经济学》，其中提出了“全生命周期造价管理”的概念和研究方向，之后由英美的工程造价学者不断完善推广，现已成为西方发达国家一种普遍使用的工程造价管理方法。其核心思想是从工程项目的全生命周期角度出发，进行建设成本和运维成本的综合考虑，使项目整个生命周期的总造价最小化。

全生命周期造价管理，要求考虑工程项目的造价要从全生命周期出发，采用多学科集成分析方法，通过科学的项目设计和合理的计划安排，追求工程项目总造价的最小化。

2. 特点

（1）全生命周期造价管理的范围是它的整个生命周期，即工程项目的决策、设计、实施、竣工验收和运营维护阶段。

（2）全生命周期造价管理涉及的主体包括投资单位、施工单位、材料和设备供应单位、咨询单位等相关企业，还包括政府以及工程项目的最终享有者。

（3）全生命周期造价管理的根本目标是实现工程项目在整个生命周期中总造价的最小化，但工程项目总造价不是各阶段工程造价的简单叠加，前一阶段的造价管理效果对之后的造价管理存在很大的影响。所以，实现工程总造价的最小化要对各阶段造价的相互影响以及它们对工程项目总造价的影响进行考虑。

（4）全生命周期造价管理包括两个方面：一是用于工程项目决策阶段的生命周期成本分析，通过计算生命周期成本进行投资决策方案、设计方案、施工方案和运营维护方案等的选择工具；二是生命周期成本管理，即管理和控制工程项目全生命周期各个阶段的成本，确保全生命周期成本的最小化。

3. 优点

全生命周期造价管理相对其他造价管理理论具有以下几点优越性：

（1）投资决策的科学性。全生命周期造价管理指导人们从工程项目的全生命周期角度出发，综合、充分考虑工程项目的建设成本和工程项目的运营维护成本，然后按照全生命周期工程造价最小化的原则，科学进行可行性投资方案的最优选择。

（2）方案设计的合理性。全生命周期造价管理引导设计人员以全生命周期的角度进行建设成本和运营维护成本的全面考虑，从而在保证工程项目性能和质量的基础上，进行更加科学的方案设计。

（3）工程实施的合理性。全生命周期造价管理从工程项目全生命周期出发，使工程实施的总体规划和施工方案的确定更加合理。

（4）工程项目的社会效益。全生命周期造价管理采用节约型环保材料，采取节水、节能设施，加强收集和储存可回收物，实施一次性装修到位的措施等达到降低工程项目总造价的目的，同时更能实现绿色环保和生态目标，提升建设工程项目的社会效益。

三、全面造价管理

全面造价管理是由美国造价工程师协会的理查德·威斯特尼（R.E. Westney）于1991年在西雅图年会上提出的，其根本目的是有效地使用专业知识和专门技术去计划和控制资源、造价、盈利和风险。

我国学者将全面造价管理理论与工程建设项目的特点相结合，将该方法体系分为建设项目全过程造价管理、全要素造价管理、全风险造价管理和全团队造价管理四个方面。四种工程造价管理技术方法既各自独立、自成体系，可以单独使用，同时又必须构成一个整体，为工程项目全面造价管理提供一个整体的解决方案（见图1-1）。在整套技术方法中，全过程造价管理是基础，全要素造价管理是中坚，全风险造价管理是关键，全团队造价管理是核心。

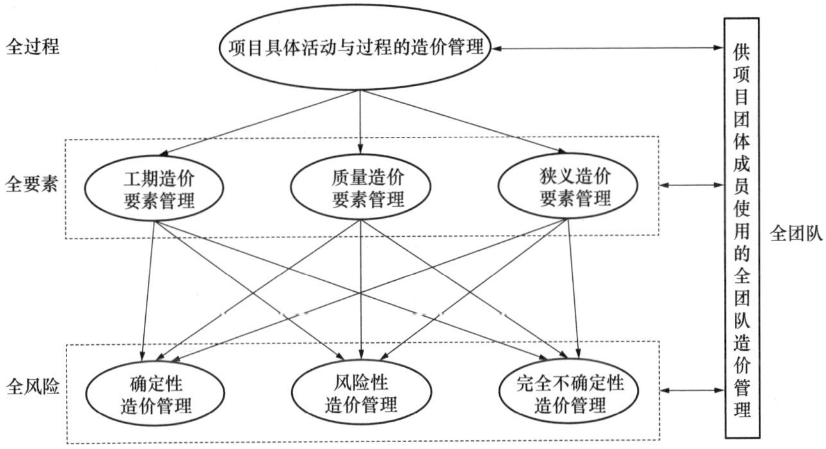

图1-1　全面造价管理逻辑关系图

（1）全要素造价管理是要从项目全要素管理的角度出发去管理项目的造价，而不是像传统建设项目造价管理那样只考虑狭义的节约造价而不顾项目工期、质量等其他要素受项目造价变化的影响。全要素造价管理方法，是针对工程项目具体活动和活动过程的。它所管理和控制的正是各项具体活动和活动过程中的三大要素，通过降低各项活动与各个过程中三大要素的变化，实现降低整个工程项目造价的目标。

（2）全风险造价管理是要做包括项目风险造价管理在内的项目全部造价管理，而不是像传统造价管理那样只开展确定性项目造价的管理。针对项目风险性造价管理的全风险造价管理方法，最主要的是针对各项活动与过程中的工期、造价和质量风险。它所管理和控制的正是各项活动和过程中所存在的风险以及由这些风险所引起的造价变化。首先通过控制各项活动或过程的工期、质量和造价要素的风险，进而控制各项活动和过程的风险，最终控制整个项目的造价风险。

（3）全过程造价管理是要做项目全过程和全生命周期的造价管理，而不是像传统建设项目造价管理那样只做项目实施周期的造价管理。

（4）全团队造价管理是项目全团队成员都参加建设项目造价的管理，而不是像传统建设项目造价管理那样只是某个项目相关利益主体（企业或承包商）单独参加建设项目造价的管理。全团队造价管理技术方法既可以独立使用，也可以与其他任何一种方法联合使用。当与全过程造价管理结合使用时，它的主要作用是通过全团队的共同努力，改进和完善项目活动的方法和项目活动过程的合理安排，以降低工程造价；与全要素造价管理结合使用时，它的主要作用是协调全团队的力量，全面管理好项目的质量、工期、造价三大要素，以降低工程造价；与全风险造价管理结合使用时，它的作用是调动全团队力量去防范、化解和处理风险及其引起的造价变化，降低工程造价。

四、全过程造价管理

1977年，我国建设工程造价协会明确了有关工程造价管理的目标和管理方针：建设工程造价管理要达到的目标，一是造价本身要合理，二是实际造价不超概算，为此要从建设工程的前期开始工作，采取全过程“全过程、全方位”的管理方针。其中“造价本身要合理”是指在工程造价确定方面努力实现科学合理；“实际造价不超概算”是指要开展科学的工程造价控制；而从“建设工程的前期开始工作，采取全过程‘全过程、全方位’的管理方针”，其核心是采取全过程造价管理。

全过程造价管理是指对项目决策到竣工验收的各个阶段的工程造价进行合理确定和有效控制，包括投资估算、初步设计概算、施工图预算、招标合同价、竣工结算、竣工决算六个阶段，核心内容是做好建设项目造价的确定和控制。

全过程造价管理模式的核心概念和技术方法，即必须按照基于活动的造价确定方法去估算和确定建设项目造价，必须采用基于活动管理的方法去降低和消除项目的无效和低效活动，从而减少资源消耗与占用，并最终实现对于建设项目造价的根本控制。工程建设各阶段对造价的影响如图1-2所示。

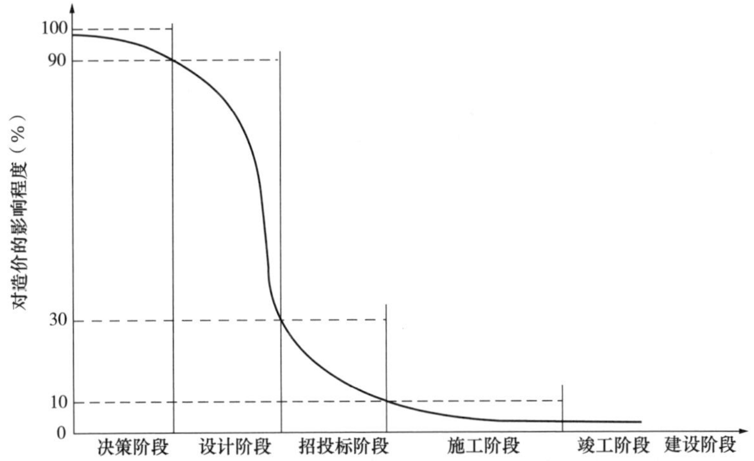

图1-2　工程建设各阶段对造价的影响

根据输变电工程建设全过程造价管理要求，电网工程各建设阶段的造价管理重点如下：

（1）决策阶段：科学规划电网结构、深化论证项目可行性，重点是建好项目储备（库）、制订滚动建设计划，提前为规范建设、按流程建设奠定基础。

（2）设计阶段：落实通用设计要求，充分进行方案比选，加强设计评审管理，重点是加强施工图设计评审管理，确保工程设计质量，减少设计变更。

（3）招投标阶段：按时序，公开、公平、公正选择性价比高的设备和参建队伍，重点是做好招标文件的编制和审核，用好合同专用条款合理确定双方责任。

（4）施工阶段：按施工图、合同组织施工，做好工程阶段验收和设备到场验收，管控设计变更和现场签证，重点是落实结算责任，推进过程结算和分部结算。

（5）竣工阶段：据实做好竣工结算和财务决算，重点是严格遵守工程结算管理和财务管理相关制度。

第三节 电网工程造价标准体系

电网工程造价标准体系由“基础标准”和“专业标准”共同组成。

一、基础标准

电网工程造价体系基础标准包括标准化工作导则、工程造价术语标准、量和单位、设备材料划分标准、各类造价标准指导通则或规则。

二、专业标准

电网工程造价体系专业标准由各类工程的规程规范、费用标准、定额、价格信息、技术经济指标和其他标准等六类组成。其中规程规范、费用标准和定额是核心内容，价格信息是服务手段，技术经济指标是评价指标。

1. 规程规范

规程、规范都是标准的表现形式，是指导造价成果文件编制、编审的标准形式。造价规程是指对造价活动要求和实施程序所做的统一规定。造价规范一般是在工程造价活动中，对工程造价活动事项所做的一系列规定。

（1）清单规范。清单规范是涵盖工程计价主要内容，并在其基础上进一步综合为工程计价的母规范，具体包括输变电工程工程量清单计价规范、变电工程工程量计算规范、输电线路工程工程量计算规范等。

（2）操作规程。在工程项目建设过程中，需要编制各类造价成果文件。从项目管理的角度，需要制订工程投资的计划，确定合理的设计方案和概预算，实现目标化管理；从市场化管理的角度，需要形成工程的预期价格，满足计算合理的合同价的需要；从合同管理的角度，需要形成动态合同价格，满足工程结算的管理需求。

操作规程是各类工程造价成果文件编制过程中的规范纲领，具体包括输变电工程可行性研究投资估算编制导则、输变电工程初步设计概算编制导则、输变电工程施工图预算编制导则以及行业即将发布的输变电工程结算审核报告编制导则等。

2. 费用标准

费用标准是规定各项费用的构成和计算公式、计算标准，建设预算中各类费用的性质划分、界定规则和建设预算书的内容构成、编制规则和编制方法，用以规范电网工程建设预算的编制和计算规则。具体包括电网工程建设预算编制与计算标准、电网技术改造工程预算编制与计算标准、电网检修工程预算编制与计算标准、调整西藏地区电力建设工程有关费用计算标准、国家电网有限公司输变电工程勘察设计费概算计列标准等。

3. 定额

根据《工程造价术语标准》（GB/T 50875—2013），计价定额是指直接用于工程计价的定额或指标，包括预算定额、概算定额、概算指标和投资估算指标，是工程定额的重要组成部分，直接用于工程计价。工期定额是指在正常的施工技术和组织条件下，完成建设项目和各类工程所需的工期标准。

电力行业计价定额一般按定额的编制程序、用途和工程建设过程的原则分为估算指标、概算定额、预算定额。

（1）估算指标。建设项目投资估算指标是指以整个建设项目、单项工程、单位工程为对象，反映其建设总投资及其各项费用构成的经济指标，一般包括建设项目综合指标、单项工程综合指标和单位工程指标，为了增加投资估算指标的实用性和时效性，在单位工程投资估算时应尽可能地反映主要材料的消耗量和单价，同时对投资较大的单位工程应进一步细化到主要分部分项工程。

建设项目投资估算指标是编制建设项目建议书、可行性研究报告等前期工作阶段投资估算的依据，也可以作为编制建设项目投资计划、进行建设项目经济评价的重要基础。

（2）概算定额。概算定额是指完成单位合格扩大分项过程，或扩大结构构件所需消耗的人工、材料和施工机械台班的数量及其费用标准。它与预算定额的不同在于计量单位，它的计量单位扩大到一个分部分项工程或综合数个分项工程，因此概算定额是预算定额的合并与扩大，它将预算定额中有联系的若干个分项工程项目综合为一个概算定额项目。

概算定额主要用于编制工程设计概算，是确定和判断初步设计或扩大初步设计是否经济合理，进行初步设计优化的重要手段。现有电网工程概算定额主要依据《电力建设工程概算定额》。

（3）预算定额。预算定额是指在正常的施工条件下，完成一定计量单位合格分项工程和结构构件所需消耗的人工、材料，施工机械台班数量及其费用标准，是编制施工图预算的基础。

施工图预算不仅是判断设计是否合理、进行优化设计和工程造价控制的重要方法，还是确定建筑安装工程承发包和工程分包价格、编制施工组织设计、处理工程经济纠纷、进行工程结算的重要依据。现有电网工程预算定额规范主要包括《电力建设工程预算定额》《电网检修工程预算定额》《电网拆除工程预算定额》《电网技术改造工程预算定额》《20kV及以下配电网工程预算定额》等。

4. 价格信息

价格信息是指工程造价管理机构发布的建设工程人工、材料、工程设备、施工机械台班的价格，以及各类工程的造价指数、指标等，是整个工程造价标准体系的信息平台。

工程价格信息包括人工、材料、机械台班单价信息，也包括工程交易价格形成的各种信息，以及与工程造价有关的信息。价格信息用于价格水平的动态调整和计算，如实反映不同地区、不同时间的市场价格水平，是整个工程造价标准体系信息管理的主要渠道，也是各层级和标准间信息得以传递的重要保障。

《电力建设工程概预算定额价格水平调整办法》明确，电网工程的人工费以系数的形式进行调整；电网安装工程的材料及机械费以系数的形式进行调整；电网建筑工程按照典型材料及机械种类、品种和规格等进行价格调整。

5. 技术经济指标

技术经济指标是对生产经营活动进行计划、组织、管理、指导、控制、监督和检查的重要工具。作为电网工程造价标准的重要组成部分，技术经济指标包括变电工程技术经济指标、线路工程技术经济指标、系统通信工程技术经济指标。其中具体包括国家电网有限公司输变电工程造价分析内容深度规定、输变电工程技术经济指标编制导则、电网工程限额设计控制指标、输变电工程通用造价、输变电工程造价控制线等。

第四节

电网工程造价构成

电网工程建设费用构成与计算、费用性质划分、建设预算项目划分、建设预算编制方法以及建设预算的计价格式等执行《电网工程建设预算编制与计算规定（2018年版）》（以下简称“新预规”），为便于读者对电网工程造价各类费用的理解，本书节选“新预规”中术语及费用构成部分内容。

一、“新预规”修订内容

为适应电力发展新形势，2020年5月1日起，“新预规”及配套定额开始实施，“新预规”根据最新法律、法规、工程建设需求以及先进技术应用等实际情况进行调整与更新，主要包括以下几方面。

1. 依法合规性

根据水土保持、环境保护有关法律、法规、规章，修改了环境监测验收费、水土保持项目验收及补偿费术语名称及内容，调整了水土保持补偿费的费用从属；根据住建部《房屋建筑和市政基础设施工程施工图设计文件审查管理办法》及《输变电工程施工图文件评审费用暂行规定》，完善了施工图文件评审费内容；根据住建部2015版《建设工程施工机械台班费用编制规则》，调整了大修理费、经常修理费、燃料动力费、车船税及运检费的术语名称或内容；根据《中华人民共和国社会保险法》《中华人民共和国建筑法》调整了危险作业意外伤害保险费的费用从属；根据营改增有关政策，调整了城市维护建设税、教育费附加及地方教育附加的费用从属。

2. 切合实际性

结合工程实际情况，按照现行建设管理需要，遵循国家有关政策规定，其他费用中增加了输电线路跨越补偿费、专业爆破服务费；余物清理费中增加拆除内容；项目法人管理费中增加项目管理人员临时办公场所建设、维护、拆除、清理或租赁费，以及工程信息化管理费，考虑了办公家具、生活家具、办公用品和交通工具的租赁费用，删除原施工及进站道路养护费内容；工程监理费中增加环境监理和水土保持监理内容；工程结算审核费调整为施工过程造价咨询及竣工结算审核费，纳入了施工过程造价咨询内容；其他设计费中增加安全稳定控制系统工程专题研究费与评审费内容；调整了项目建设管理费的起始时点；完善了项目前期工作费费用组成；完善了架空输电线路工程、电缆输电线路工程费用性质划分的有关规定，增加了通信工程费用性质划分的规定；详细梳理和完善了建设预算编制办法中可行性研究投资估算、初步设计概算、施工图预算编制时，设备价格、安装工程装置性材料价格、建筑工程材料价格的确定与调整原则；同时结合工程实际情况和建筑安装工程费计算规定的变化，重点完善了电网工程建设预算的表格形式。

3. 科学合理性

安装工程临时设施费、施工企业配合调试费的取费基数分别由直接工程费、直接费调整为定额直接费；对相应费用项目设置了 ±500kV、±800kV、±1000kV 电压等级的费用标准，满足直流工程建设投资管理需要；根据工程投资规模及建设投资管理实际情况，细化了余物清理费、招标费、设备材料监造费、施工过程造价咨询及竣工结算审核费、项目前期工作费、项目后评价费费用标准；陆上电缆和海底电缆工程分别设置临时设施费与施工机构迁移费费率，更符合海底电缆工程机械化施工程度较高的实际情况；增加换流站接地极工程、变电扩建间隔和扩建主变压器工程措施费和企业管理费、大型土石方综合费率等费用计算规定；调整了架空输电线路长度变化费用调整系数，使费用计算规定更科学、合理。

二、建设项目总费用构成

输变电工程项目建设总费用由静态投资和动态费用构成，其中，静态投资又包括建筑安装工程费、设备购置费、其他费用、基本预备费，如图1–3所示。

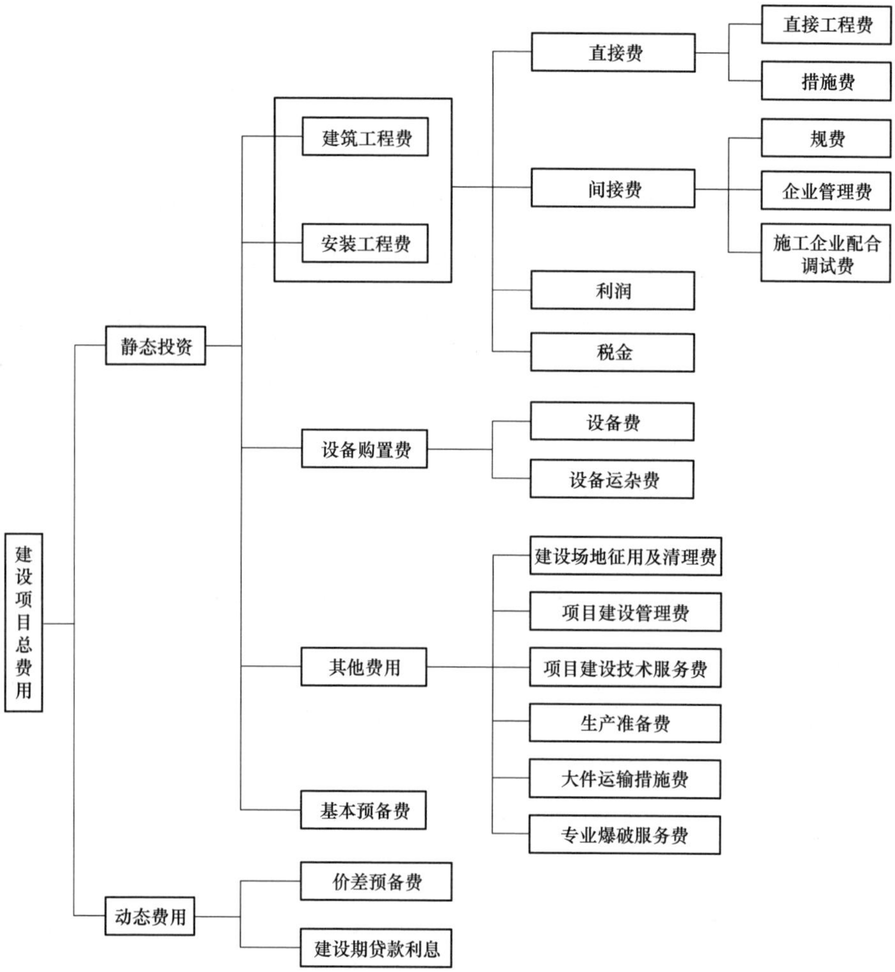

图1–3 建设项目总费用构成

（一）建筑安装工程费

建筑安装工程费包括建筑工程费和安装工程费，由直接费、间接费、利润和税金组成（见图1–4）。其中，建筑工程费是指对构成建设项目的各类建

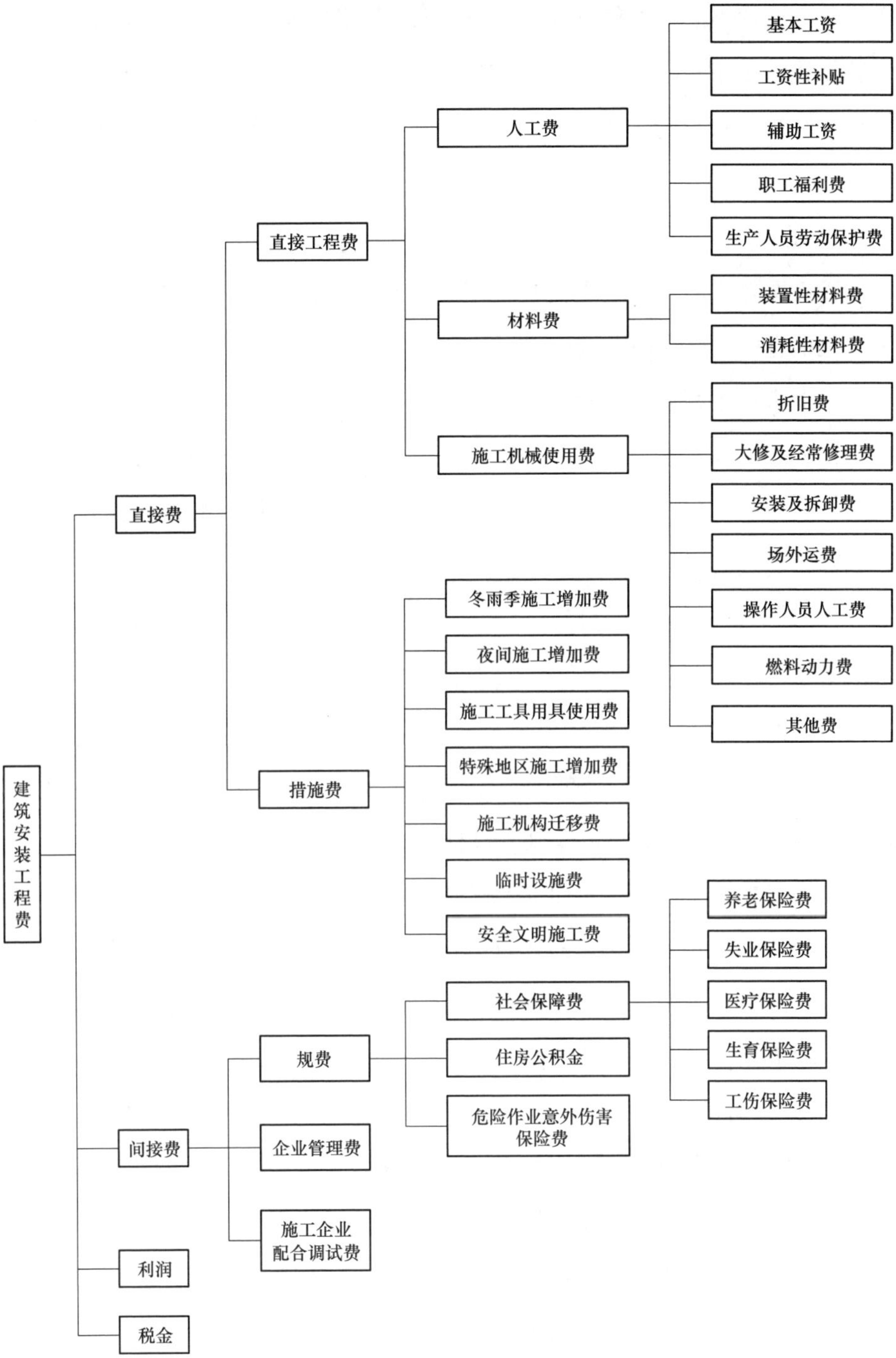

图 1-4　建筑安装工程费用构成

筑物、构筑物等设施工程进行施工，使之达到设计要求及功能所需要的费用。安装工程费是指对建设项目中构成生产工艺系统的各类设备、管道、线缆及其辅助装置进行组合、装配和调试，使之达到设计要求的功能指标所需要的费用。

1. 直接费

直接费是指施工过程中直接耗用于建筑、安装工程产品的各项费用的总和，包括直接工程费和措施费。

（1）直接工程费。直接工程费是指按照正常的施工条件，在施工过程中耗费的构成工程实体的各项费用，包括人工费、材料费和施工机械使用费。其中，人工费、材料费中已进入定额基价的消耗性材料费和施工机械使用费之和称为定额直接费。

1）人工费。人工费是指支付给直接从事建筑安装工程施工作业的生产人员的各项费用，包括基本工资、工资性补贴、辅助工资、职工福利费、生产人员劳动保护费。

2）材料费。材料费是指施工过程中耗费的主要材料、辅助材料、构配件、半成品、零星材料，以及施工过程中一次性消耗材料及摊销材料的费用。材料分为装置性（主要、未计价）材料和消耗性（辅助、计价）材料两大类，其价格均为材料预算价格。材料预算价格是工程所需材料在施工现场仓库或堆放地点的出库价格，包括材料原价（或供应价格）、材料运输费、保险保价费、运输损耗费、采购及保管费。

3）施工机械使用费。施工机械使用费是指施工生产过程中，使用各种机械所支付或耗费的费用，包括折旧费、大修及经常修理费、安装及拆卸费、场外运费、操作人员人工费、燃料动力费、其他费。

（2）措施费。措施费是指为完成工程项目施工而进行施工准备、克服自条件的不利影响和辅助施工所发生的不构成工程实体的各项费用，包括冬雨季施工增加费、夜间施工增加费、施工工具用具使用费、特殊地区施工增加费、施工机构迁移费、临时设施费、安全文明施工费。

1）冬雨季施工增加费。冬雨季施工增加费是指按照合理的工期要求，建筑、安装工程必须在冬季、雨季期间连续施工而需要增加的费用。其内容包括：在冬季施工期间，为确保工程质量而采取的养护、采暖措施所发生的费用；雨季施工期间，采取防雨、防潮措施所增加的费用；因冬季、雨季施工增加施工工序、降低工效而发生的补偿费用。

2）夜间施工增加费。夜间施工增加费是指按照规程要求，工程必须在夜间连续施工所发生的夜班补助、夜间施工降效、夜间施工照明设备摊销及照明用电等费用。

3）施工工具用具使用费。施工工具用具使用费是指施工企业的生产、检验、试验部门使用的不属于固定资产的工具用具和仪器仪表的购置、摊销和维护费用。

4）特殊地区施工增加费。特殊地区施工增加费是指在高海拔、酷热、严寒等地区施工，因特殊自然条件影响而需额外增加的施工费用。

5）临时设施费。临时设施费是指施工企业为满足现场正常生产、生活需要，在现场必须搭设的生产、生活用临时建筑物、构筑物和其他临时设施所发生的费用，以及维修、拆除、折旧及摊销费，或临时设施的租赁费等。临时设施包括职工宿舍，办公、生活、文化、福利等公用房屋，仓库、加工厂、工棚、围墙等建、构筑物，站区围墙范围内的临时施工道路及水、电（含380V降压变压器）、通信的分支管线，以及建设期间的临时隔墙等。

6）施工机构迁移费。施工机构迁移费是指施工企业派遣施工队伍到所承建工程现场所发生的搬迁费用，包括职工调遣差旅费和调遣期间的工资，以及办公设备、工器具、家具、材料用品和施工机械等的搬迁费用。

7）安全文明施工费。安全文明施工费包括安全生产费、文明施工费和环境保护费。

2. 间接费

间接费是指建筑安装工程的施工过程中，为全工程项目服务而不直接消耗在特定产品对象上的费用，包括规费、企业管理费和施工企业配合调试费。

（1）规费。规费是指按照国家法律、法规规定，由省级政府和省级有关权力部门规定施工单位必须缴纳，应计入建筑安装工程造价的费用，包括社会保障费、住房公积金、危险作业意外伤害保险费。其中社会保障费又包括养老保险费、失业保险费、医疗保险费、生育保险费、工伤保险费。

（2）企业管理费。企业管理费是指建筑安装施工企业为组织施工生产和经营管理所发生的费用，其费用内容包括管理人员工资、办公经费、差旅交通费、固定资产使用费、工具用具使用费、劳动补贴费、工会经费、职工教育经费、财产保险费、财务费、税金等。

（3）施工企业配合调试费。施工企业配合调试费是指在工程整套启动试运阶段，施工企业安装专业配合调试所发生的费用。

3. 利润

利润是指施工企业完成所承包工程获得的盈利。

4. 税金

税金是指按照国家税法规定应计入建筑安装工程造价内的销项税额。

（二）设备购置费

设备购置费是指为项目建设而购置或自制各种设备，并将设备运至施工现场指定位置所支出的费用，包括设备费和设备运杂费。

1. 设备费

设备费是指按照设备供货价格购买设备所支付的费用（包括包装费）。自制设备按照以供货价格购买此设备计算。

2. 设备运杂费

设备运杂费是指设备自供货地点（生产厂家、交货货栈或供货商的储备仓库）运至施工现场指定位置所发生的费用，包括设备的上站费、下站费、运输费、运输保险费、采购费、供应服务费、仓储费及保管费。

（三）其他费用

其他费用是指为完成工程项目建设所必需的，但不属于建筑工程费、安装工程费、设备购置费、基本预备费的其他相关费用，包括建设场地征用及清理费、项目建设管理费、项目建设技术服务费、生产准备费、大件运输措施费、专业爆破服务费等。其他费用构成如图1–5所示。

1. 建设场地征用及清理费

建设场地征用及清理费是指为获得工程建设所必需的场地，并使之达到施工所需的正常条件和环境而发生的有关费用，包括土地征用费、施工场地租用费、迁移补偿费、余物清理费、输电线路走廊清理费、输电线路跨越补偿费、通信设施防输电线路干扰措施费、水土保持补偿费。

（1）土地征用费。土地征用费是指按照《中华人民共和国土地管理法》及相关建设项目法人单位为取得工程建设用地使用权而支付的费用，包括土地补偿费、塔基占地费、安置补助费、耕地开垦费、勘测定界费、征地管理费、证书费、手续费以及各种基金和税金等。

（2）施工场地租用费。施工场地租用费是指为保证工程建设期间的正常施工，需临时占用或租用场地所发生的费用，包括占用补偿、场地租金、场地清理、复垦费和植被恢复等费用。

（3）迁移补偿费。迁移补偿费是指为满足工程建设需要，对所征用土地范围内的机关、企业、住户及有关建筑物、构筑物、电力线、通信线、铁路、公路、沟渠、管道、坟墓、林木等进行迁移所发生的补偿费用。

（4）余物清理费。余物清理费是指为满足工程建设需要，对所征用土地范围内遗留的建筑物、构筑物等有碍工程建设的设施进行拆除、清理所发生的各种费用。

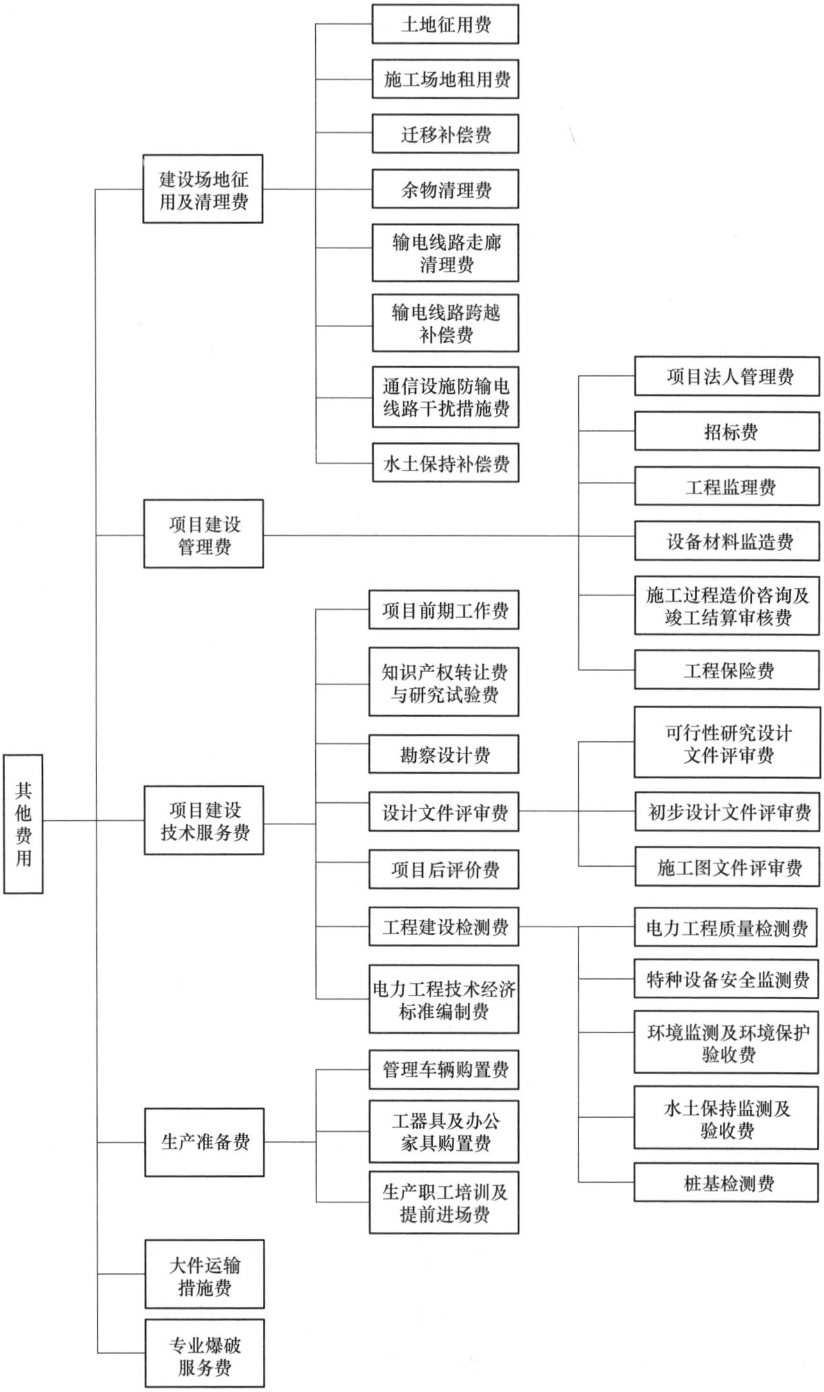
土地征用费
施工场地租用费
迁移补偿费
余物清理费
输电线路走廊清理费
输电线路跨越补偿费
通信设施防输电线路干扰措施费
水土保持补偿费
建设场地征用及清理费
项目法人管理费
招标费
工程监理费
设备材料监造费
施工过程造价咨询及竣工结算审核费
工程保险费
项目建设管理费
项目前期工作费
知识产权转让费与研究试验费
勘察设计费
设计文件评审费
项目后评价费
工程建设检测费
电力工程技术经济标准编制费
可行性研究设计文件评审费
初步设计文件评审费
施工图文件评审费
电力工程质量检测费
特种设备安全监测费
环境监测及环境保护验收费
水土保持监测及验收费
桩基检测费
其他费用
项目建设技术服务费
管理车辆购置费
工器具及办公家具购置费
生产职工培训及提前进场费
生产准备费
大件运输措施费
专业爆破服务费

图1-5　其他费用构成

（5）输电线路走廊清理费。输电线路走廊清理费是指按照输电线路建设规程、规范的要求，对线路走廊内非征用和租用土地上的建筑物、构筑物、林木、经济作物等进行清理、赔偿所发生的费用。

（6）输电线路跨越补偿费。输电线路跨越补偿费是指为满足工程建设需要，需对拟建输电线路走廊内的公路、铁路、重要输电线路、通航河流等进行跨越施工所发生的补偿费用。

（7）通信设施防输电线路干扰措施费。通信设施防输电线路干扰措施费是指拟建输电线路与现有通信线路交叉或平行时，为消除干扰影响，对通信线路进行迁移或加装保护设施所发生的费用。

（8）水土保持补偿费。水土保持补偿费是指开办生产建设项目的单位，按照《中华人民共和国水土保持法》《财政部 国家发展改革委 水利部 中国人民银行关于印发〈水土保持补偿费征收使用管理办法〉的通知》等有关规定应缴纳的专项用于水土流失预防和治理的水土保持补偿费用。

2. 项目建设管理费

项目建设管理费是指建设项目经有关政府行政主管部门核准后，自审核至竣工验收合格并移交生产的合理建设期内对工程进行组织、管理、协调、监督等工作所发生的费用，包括项目法人管理费、招标费、工程监理费、设备材料监造费、施工过程造价咨询及竣工结算审核费、工程保险费。

（1）项目法人管理费。项目法人管理费是指项目管理机构在项目管理工作中发生的机构开办费及日常管理性费用，包括项目管理机构开办费、项目管理工作经费。

（2）招标费。招标费是指按招投标法及有关规定开展招标工作，自行组织或委托具有资格的机构编制审查技术规范书、最高投标限价、标底、工程量清单等招标文件的前置文件，以及委托招标代理机构进行招标所需要的费用。

（3）工程监理费。工程监理费是指依据国家有关规定和规程规范要求，项目法人委托工程监理机构对建设项目全过程实施监理所支付的费用，包括环境监理和水土保持监理所发生的费用。

（4）设备材料监造费。设备材料监造费是为保证工程建设所需设备材料的质量，按照国家行政主管部门颁布的设备材料监造（监制）管理办法的要求，项目法人或委托具有相关资质的机构在主要设备材料的制造、生产期间对原材料质量以及生产、检验环节进行必要的见证、监督所发生的费用。

（5）施工过程造价咨询及竣工结算审核费。施工过程造价咨询及竣工结算审核费是指依据国家有关法律、法规，根据工程合同和建设资料，项目法人单位组织工程造价专业人员或委托具有相关资质的咨询机构，自工程开工至竣工开展的施工过程造价咨询以及工程竣工结算审核所发生的费用。

（6）工程保险费。工程保险费是指项目法人对项目建设过程中可能造成工程财产、安全等直接或间接损失的要素进行保险所支付的费用。

3. 项目建设技术服务费

项目建设技术服务费是指委托具有相关资质的机构或企业为工程建设提供技术服务和技术支持所发生的费用，包括项目前期工作费、知识产权转让与研究试验费、勘察设计费、设计文件评审费、项目后评价费、工程建设检测费、电力工程技术经济标准编制费等。

（1）项目前期工作费。项目前期工作费是指项目法人在前期阶段进行分析论证、预可行性研究、可行性研究、规划选址或选线、方案设计、评审评价，取得政府行政主管部门核准所发生的费用，以及项目核准后尚未完成的项目前期工作费用，包括进行项目可行性研究、规划选址论证、用地预审论证、环境影响评价、劳动安全卫生预评价、地质灾害评价、地震灾害评价、水土保持方案编审、矿产压覆评估、林业规划勘测、文物普查、社会稳定风险评估、生态环境专题评估、防洪影响评价、航道通航条件评估等各项工作所发生的费用，分摊在本工程中的电力系统规划设计咨询费与文件评审费，以及开展项目前期工作所发生的管理费用等。

（2）知识产权转让费与研究试验费。知识产权转让费是指项目法人在本工程中使用专项研究成果、先进技术所支付的一次性转让费用；研究试验费是指为本建设项目提供或验证设计数据进行必要的研究试验所发生的费用，以及设计规定的施工过程中必须进行的研究试验所发生的费用。不包括以下费用：应该由科技三项费用（即新产品试制费、中间试验费和重要科学研究补助费）开支的项目，应该由管理费开支的鉴定、检查和试验费，应该由勘察设计费开支的项目。

（3）勘察设计费。勘察设计费是指对工程建设项目进行勘察设计所发生的费用，包括项目的各项勘探、勘察费用，初步设计费，施工图设计费，竣工图文件编制费，施工图预算编制费，以及设计代表的现场技术服务费。按其内容分为勘察费和设计费。

1）勘察费。勘察费是指项目法人委托有资质的勘察机构按照勘察设计规范要求，对项目进行工程勘察作业以及编制相关勘察文件和岩土工程设计文件等所支付的费用。

2）设计费。设计费是指项目法人委托有资质的设计机构按照工程设计规范要求，编制建设项目初步设计文件、施工图设计文件、施工图预算、非标准设备设计文件、竣工图文件等，以及设计代表进行现场技术服务所支付的费用。设计费可分为基本设计费和其他设计费。

（4）设计文件评审费。设计文件评审费是指项目法人根据国家及行业有关规定，对工程项目的设计文件进行评审所发生的费用，包括可行性研究设计文件评审费、初步设计文件评审费、施工图文件评审费。

（5）项目后评价费。项目后评价费是指根据国家行政主管部门的有关规定，项目法人为了对项目决策提供科学、可靠的依据，指导、改进项目管理，提高投资效益，同时为投资决策提供参考依据，完善相关政策，在建设项目竣工交付生产一段时间后，对项目立项决策、实施准备、建设实施和生产运营全过程的技术经济水平和产生的相关效益、效果、影响等进行系统性评价所支出的费用。

（6）工程建设检测费。工程建设检测费是指根据国家行政主管部门及电力行业的有关规定，对工程质量、环境保护、水土保持、特种设备（消防、电梯、压力容器等）安装进行监测、检验、检测所发生的费用，包括电力工程质量检测费、特种设备安全监测费、环境监测及环境保护验收费、水土保持监测及验收费、桩基检测费等。

（7）电力工程技术经济标准编制费。电力工程技术经济标准编制费是指根据国家行政主管部门授权编制电力工程计价依据、标准、规范和规程等所发生的费用。

4. 生产准备费

生产准备费是指为保证工程竣工验收合格后能够正常投产运行提供技术保证和资源配备所发生的费用，包括管理车辆购置费、工器具及办公家具购置费、生产职工培训及提前进厂费。

（1）管理车辆购置费。管理车辆购置费是指生产运行单位进行生产管理必须配备车辆的购置费用，包括车辆原价、购置税费、运杂费、车辆附加费等。

（2）工器具及办公家具购置费。工器具及办公家具购置费是指为满足电力工程投产初期生产、生活和管理需要，购置必要的家具、用具、标志牌、警示牌、标示桩等发生的费用。

（3）生产职工培训及提前进场费。生产职工培训及提前进场费是指为保证电力工程正常投产运行，对生产和管理人员进行培训以及提前进场进行生产准备所发生的费用，其内容包括培训人员和提前进场人员的培训费、基本工资、工资性补贴、辅助工资、职工福利费、劳动保护费、社会保险费、住房公积金、差旅费、资料费、书报费、取暖费、教育经费和工会经费等。

5. 大件运输措施费

大件运输措施费是指超限的大型电力设备在运输过程中发生的路、桥加固、改造，以及障碍物迁移等措施的费用。

6. 专业爆破服务费

专业爆破服务费是依据《中华人民共和国民用爆炸物品管理条例》的规定使用民用爆炸物品时所发生的专业性服务费用。包括办理爆破审批、评估，爆破物品运输及管理，爆破安全措施以及爆破安全监理等所发生的费用。

（四）基本预备费

基本预备费是指因设计变更（含施工过程中工程量增减、设备改型、材料代用）增加的费用，一般包括自然灾害可能造成的损失和预防自然灾害所采取的临时措施费用，以及其他因不确定因素可能造成的损失而预留的工程建设资金。

（五）动态费用

动态费用是指对构成工程造价的各要素在建设预算编制基准期至竣工验收期间，因时间和市场价格变化而引起价格增长和资金成本增加所发生的费用，主要包括价差预备费和建设期贷款利息。

1. 价差预备费

价差预备费是指建设工程项目在建设期间由于价格等变化引起工程造价变化的预测预留费用。

2. 建设期贷款利息

建设期贷款利息是指项目法人筹措债务资金时，在建设期内发生并按照规定允许在投产后计入固定资产原值的利息。

第五节 电网工程造价计价模式

输变电工程目前采用的计价模式主要有定额计价模式和工程量清单计价模式两种。

一、定额计价模式

定额计价模式是采用经国家有关主管部门（如国家能源局）批准颁布实施的工程定额进行分部组合计价的方法，也就是通常说的定额计价法。

定额计价模式的基本思路是以定额为计价依据，按定额规定的分部分项子目，逐项计算工程量，套用定额单价确定直接工程费，然后按规定取费标准确定构成工程造价的措施费、间接费、利润、税金、其他费用等，最终得到输变电工程总投资。目前，输变电工程定额计价模式主要应用于投资估算、初步设计概算和施工图预算。

输变电工程定额计价模式的程序如图1-6所示。

输变电工程定额计价模式还可用公式表达如下：

$$直接工程费单价=人工费+材料费+机械费$$

$$单位工程直接费=\sum 各定额或指标子目工程量\times 直接工程费单价+措施费$$

$$单位工程本体费用=单位工程直接费+间接费+利润+税金$$

$$单项工程造价=\sum 单位工程本体费用$$

$$建设项目工程造价=\sum 单项工程造价+其他其费用+预备费用+建设期贷款利息$$

从定额计价程序中可以看出，编制输变电工程造价最基本的程序有两个：计量和计价。计量按照统一的项目划分和工程量计算规则进行工程量的分类统计和汇总。工程造价的形成过程或计价过程，就是在得出的工程量的基础

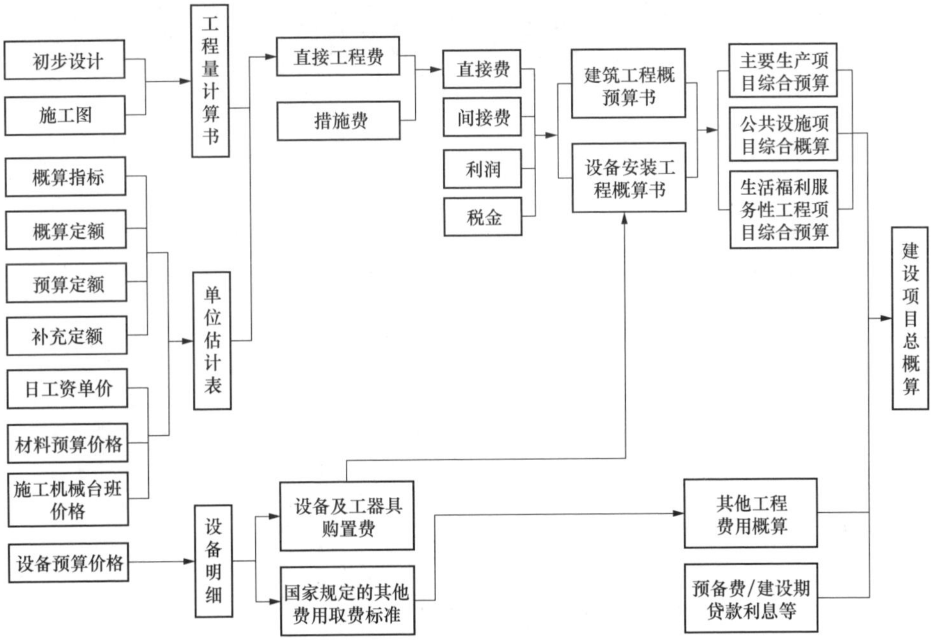

图1-6　输变电工程定额计价模式

上，依据概、预算定额所确定的消耗量乘以定额单价或市场价，再经过不同层次的取费计算汇总后直接得出。因此，采用定额计价模式得出的工程造价的量与价往往结合在一起。

二、工程量清单计价模式

工程量清单计价模式即综合单价法，是一种以市场定价为主的计价模式，也是目前国际上通行的计价模式。该模式按照输变电工程工程量清单计价规范，在工程量清单项目设置和工程量计算规则基础上，针对具体工程的施工图纸和施工组织设计计算出各个清单项目的工程量，然后再根据统一的报价口径和报价单位自身情况计算出综合单价，经汇总各清单综合单价得出工程总造价。

输变电工程工程量清单计价模式如图1-7所示。

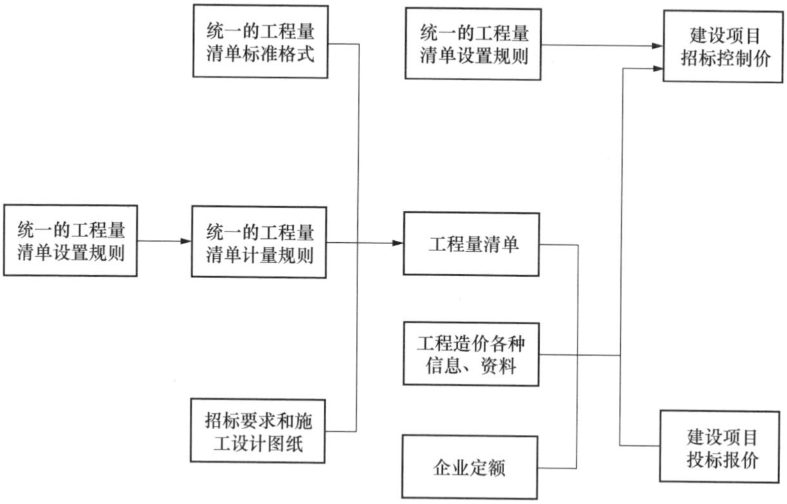

图1–7　输变电工程工程量清单计价模式

输变电工程工程量清单计价模式可用公式表达如下：

分部分项综合单价=人工费+材料费+机械费+企业管理费+利润+风险费用

分部分项工程费=Σ分部分项工程量×各分部分项综合单价

措施项目费=Σ各措施项目费

其他项目费=暂列金额+暂估价+计日工+总承包服务费

单位工程报价=分部分项工程费+措施项目费+其他项目费+规费+税金

单项工程报价=Σ单位工程报价

建设项目总报价=Σ单项工程报价

输变电工程工程量清单计价模式覆盖施工招标至竣工结算的全过程，主要包括编制招标工程量清单、投标报价、合同价的确定、工程计量与价款支付、合同价款的调整、工程结算和工程计价协调等活动。

三、两种计价模式的区别

两种计价模式的主要区别在于计量依据和计价依据，具体如表1–2所示。

表1-2　　　　定额计价模式与工程量清单计价模式的主要差异

类目	项目名称	定额计价模式	工程量清单计价模式
适用范围	适用阶段	投资估算、初设概算、施工图预算	招标控制价、施工图预算、施工阶段和竣工阶段的工程结算
工程量	计量依据	《电力建设工程概算定额》 《电力建设工程预算定额》	《输变电工程工程量清单计算规范》
	工程量划分	定额子目	工程量清单子目
	工程量大小	在工程实体净尺寸的基础上，考虑合理的损耗及放坡、施工操作裕度等	按工程实体的净尺寸计算
价格	计价依据	定额计价	市场定价
	价格水平	正常条件下的社会平均水平	报价单位个体水平
价格	分部分项工程单价组成	直接工程费单价，包括人工费、材料费、机械费	综合单价，包括人工费、材料费、机械费、企业管理费、利润和风险费用
	措施费	直接工程费取费得出，费率相对固定	单独列出，作为竞争或非竞争性费用

四、计价依据

输变电工程造价计价依据是指用以计算输变电工程造价的各类基础资料的总称，可以分为工程计量依据和工程计价依据两大部分。

1. 工程计量依据

输变电工程工程量的计量需要在工程项目的设计图纸、设计说明书、设备材料清单、建设环境等的基础上，按照与工程特点、工程建设阶段、计价要求等相匹配的定额或清单的项目设置和工程量计算规则进行。其中，可行性研究投资估算主要依据项目可行性研究资料，初步设计概算主要依据初步设计资料，施工图预算主要依据施工图设计资料，工程结算主要依据施工图设计及工程变更、施工现场签证等资料。

设计阶段的工程量计算，对投资影响较大的项目，如电缆、桥架、土石方、地基处理、基础混凝土等，工程造价人员应根据掌握的资料，对设计人员提供的工程量进行核算，并提出反馈意见。

2. 工程计价依据

采用定额计价时应以电力行业定额管理机构颁布的定额及相关规定为基础编制，取费计算标准应与所采用的定额相匹配；采用工程量清单计价时应贯彻市场定价为主的计价思路，结合报价单位自身的施工技术水平、装备水平和管理水平，自主确定工程造价。

以输变电工程初步设计概算为例，各类费用计价依据如表1–3所示。

表1–3　　输变电工程初步设计概算工程计价依据

项目	计价依据	定额管理单位
项目划分及费用构成	《电网工程建设预算编制与计算规定》	国家能源局
定额	《电力建设工程概算定额》和《电力建设工程预算定额》	国家能源局
定额人机材调整	《电力建设工程概预算定额年度价格水平调整》	电力工程造价与定额管理总站
规费和税金	《电力工程建设预算编制与计算规定》、法律法规及各地区政策性文件	政府部门
装置性材料价格	《电力建设工程装置性材料预算价格》和《电网工程设备材料价格信息价》、各地造价信息	中国电力企业联合会、各地定额站
设备价格	《电网工程设备材料信息价》	国网北京经济技术研究院等
其他费用	《电网工程建设预算编制与计算规定》、国家电网有限公司关于其他费用相关规定	国家电网有限公司
建场费	地方政策性文件、本工程赔偿合同、同类地区工程赔偿现状等	政府部门、属地公司
勘察设计费	国家电网有限公司关于勘察设计费相关规定；国家计委、建设部关于发布《工程勘察设计收费管理规定》的通知（计价格〔2002〕10号）	国家电网有限公司、电力建设定额站

第六节
电网工程造价管理优秀做法

近年来，为适应电网高质量发展的工作定位，多省电力公司立足造价管理全过程，在初步设计审批、施工图预算编审、招标工程量清单编审、合同履约、现场标准化管控、设计变更和现场签证管理、分部结算管理、工程结算管理等关键环节，探索了许多有效途径，实施了许多典型做法，积累了一些典型经验，有效提升了技经管理的标准化、规范化、专业化、精益化、智能化水平。

一、初步设计审批及概算管理

1. 推进标准化建设

从技术标准化出发，编制可研报告模板、初设编审深度规定、施工图通用设计以及标准工程量，涵盖工程建设全过程；从造价标准化出发，编制标准参考价、标准概预算、标准工程量清单、技术经济指标以及基于大数据的造价分析，覆盖造价管理各阶段。

通过将技术标准化与造价标准化有效结合，基于标准化进行电网建设工程初设技经评审的理念，编写《电网工程初步设计概算评审要点手册》，解决概算评审的深度、评审的效率、评审的准确性不一致的问题，初步实现了电网工程概算评审业务的标准化，提高了工作效率，提升了造价精准管控水平。

2. 推进信息化建设

（1）开发应用“电网工程设计评审及投资评价辅助系统”，覆盖项目前期工作、可研评审、初设评审、施工图预算审查、结算审查等工程建设全过程。实现可研、初设、预算、结算等环节设计技术和技经资料的交接工作，整体提升项目评审水平和效率。

（2）针对可研、初设评审工作特点开发智能评审模块，基于国家电网有限公司通用设计、通用设备、通用造价编制地区通用造价，确定模块造价指标。评审专家仅需对差异化设备、材料、结构等进行重点审查，有效提升项目评审水平和效率。

3. 实行可视化管控

应用信息平台，实现计划下达、资料上报、项目预审、评审记录、收口审核、评价考核、意见上报等阶段的可视化展现；实现项目可研与初设、标准指标、典型工程等技术造价关键指标多维度智能辅助评价；实现不同电压等级、地域、设计单位等多维度的在线统计和数据分析，包括送审资料合规性及完整性比对、设计方案技术造价指标比对、工程数据统计分析及各阶段指标的差异对比等，有效支撑成本分析、资金优化配置等投资精益化分析方面的数据挖掘运用。

4. 实现多专业评审

强化专业协同，提升评审质量。推行设计、施工融合模式，组建施工专家团队参与项目初步设计文件编制及审查工作，依靠施工专家丰富现场工作经验，进一步提高初步设计文件质量、审查效率，促进工程建设有效实施，减少后期设计变更及签证，提高结算效率。

5. 试点差异化标准应用

充分考虑地域差异，结合地区项目工程特点等实际情况，制定差异化标准参考价（地区通用造价），应用于本地区变电工程造价对比分析，设定[−5%，+5%]为合理区间。在初步设计评审过程中，选取参考价迅速对比判断，使得参考造价更为精准，对比分析效率提高，为提升造价精准管控水平提供特色标尺。

6. 设备材料价格监测

构建大宗商品价格传递模型，开展商品价格常态监测，在技经评审环节增加大宗商品价格仿真模拟；密切跟踪原材料价格走势，定期分析设备材料价格与信息价的偏差情况。概预算编制中考虑在信息价基础上结合价格预测进行调整，有效减小原材料价格波动对物资供货质量的影响，避免因设备材料价格暴涨引起工程超概风险，合理控制造价水平，提升工程可研初设评审水平。

二、施工图预算编制与审批

1. 推进标准化建设

开展《基于标准图集的模块化变电站典型造价研究》工作，编制35～220kV全部7个方案的14项标准化施工图预算模板。将工程结算中所暴露出的问题反哺工程的施工图预算、最高投标限价编审环节，优化工程量清单颗粒度，细化变电工程24项、线路工程14项清单特征描述，加强施工图预算前置条件把关。

通过推进标准化建设，建立一套以“标准模板”为导向、以“量、价、费”精准核心、确保“量、质、期”的审核流程，保障施工图预算编制的标准和深度统一，有效提高施工图预算编审效率，提升控制工程预算投资管控水平，减少结算争议。

2. 开展专业化评审

明确施工图评审工作职责及工作流程、施工图文件评审及收口设计资料清单，统一施工图文件评审深度。在国家电网有限公司发布的《输变电工程施工图预算审核要点》基础上，结合各网省公司评审过程中发现的问题，梳理出5类65项目审核要点，用于指导施工图预算审核。

组建施工图预算审核专家库，专家库人员涉及设计、施工、运检、技经、建管等领域，涵盖变电土建、变电电气、架空线路、电缆电气、电缆隧道、通信、暖通、给排水、动力照明等工程建设相关专业。同时引进外部专业工程咨询企业介入施工图预算审核，保证施工图工作深度和编制质量。

3. 打造信息化平台

打造“输变电工程造价数据管理与深化应用”平台，构造典型工程数据库及辅助审核功能投资评审与结算基础数据的收集与共享，为施工图预算投资分析奠定坚强数据支撑。同时将设计单位的PDF图纸通过软件系统进行实时、唯一的二维编码，让每张图纸的变更都可追溯。有效解决施工图设计阶段施工图纸管理混乱、施工图预算编制依据不明确、现场施工图纸更新不及时等问题，优化项目管理流程，深化技经全过程管理。

4. 建立个性化档案

建立线路工程“一基一档”模式，组织相关单位进行全线逐基、逐档踏勘，记录基本信息和可能产生争议的、补偿金额较大的风险点，并核对施工图信息，判断现有图纸是否满足要求，实际施工时是否会发生重大设计变更。通过“个性化”档案，深化施工图设计，确保施工图能够精准反映现场实际状况，提高施工图预算的精准性，更加有效地发挥预算管控的作用。

三、现场造价标准化管控

1. 强化变更签证审核与管控

加强变更签证专业协同和审批管控，重大变更签证组织集中审核，加强与技术方案变更的现场勘察，一般变更签证实行备案抽查机制。

加强变更签证闭环管理，发布《变更签证审核正面、负面问题清单》，严格控制变更签证办理时效，对于整改不到位、逾期未整改、办理不及时的变更签证费用一律不予计列，提高变更签证及时性、规范性，实现变更签证的规范精准管控。

2. 实现设计变更和现场签证在线化管理

试点设计变更和现场签证“Web+App”在线办理模式，加强变更签证及时性、规范性规范管控。

（1）变更、签证办理“线下”转“线上”，实现快速处理。App与Web分工同步处理，应用不同场景，可在线发起、审核联系单、审批单、报验单，完整记录各级审核意见和审核金额，并自动生成二维码。

（2）统计分析便捷。可按变更类型、专业类型、责任划分、电压等级、时间周期等多维度查询统计设计变更和签证的数量、金额，对共性问题能够积极应对。

3. 推行隐蔽工程可视、可测、可量管理

严格现场工程量管理，全面应用实测实量，加强隐蔽工程量的及时确认，对隐蔽工程关键节点摄取影像资料，加强监理现场记录管理，及时分类存档影像资料及相关记录，实施隐蔽工程可视化管理。通过推行隐蔽工程可视、可测、可量管理，有效确保隐蔽工程量可以精准溯源，实现工程结算量准价实，提高结算工作效率。

4. 加强合同费用管理

及时收集工程设计、施工、监理、造价咨询、林勘等各类合同，分项目建立《工程付款明细表》台账，完善项目合同及费用相关信息，记录支付信息。将合同、概算、预算、清单、控价、付款、结算等资料分类装盒，存入专门文件柜以便随时查阅或补充。

通过加强合同费用管理，避免发生账款拖欠问题，解决工程费用支付的及时性和准确性问题，提高工作效率。

四、分部结算及竣工结算管理

1. 编制工程结算进度计划

工程开工前，开展技经交底，对合同主要条款、结算流程及内容、现场造价管理等作出具体要求；开工后，根据施工进度横道图，结合分部分项工程，确定工程量结算关键环节，落实分部结算节点，编制工程结算进度计划表，施工过程中完成各方对工程量的及时复核和确认，确保工完量清；工程投运前30日，组织参建方召开竣工结算启动会，通过倒排工期，按周排程细化竣工结算进度计划。

通过编制工程结算进度计划，落实各环节工作完成时间，加强过程控制，强化过程督导，提前暴露问题、解决问题，有效提高竣工结算效率，确保刚

性执行结算计划。

2. 建立工程结算管理“三单一机制”模式

编制《输变电工程结算审核（审计）标准》，制定统一结算审核（审计）工作标准，设置工程结算资料预警单、工程结算资料督办单、工程结算资料通知单。工程结算资料预警单为前置工程结算资料的收集关口，工程结算督办单对未按期提交工程结算资料的参建单位下发，工程结算资料通知单用于告知相关单位工程结算资料最终提交情况和缺失情况。未按期提交结算资料或结算资料不齐全的项目不纳入工程结算。

通过建立工程结算管理“三单一机制”模式，有效督促参建单位尽快提供工程资料，解决了结算阶段基建工程因资料收集和审核等原因导致的结算滞后问题，全面提升了工程结算的时效性。

3. “三算”精准管控

按概算、预算、结算三阶段，增设“量差分析计算书”。施工图预算评审阶段，针对概、预算单项工程量偏差超过30%的条目逐个剖析原因；结算阶段，建管单位开展“三量”核查工作并提交“工程量五方签认单”，要求参建的五方逐一确认工程量，统计条目变更占比、工程量差超过30%的条目占比；在问题闭环管理阶段，召开量差剖析会，建立“警示清单”。

4. 推行“2+2”造价咨询服务监督管理

把控“施工招投标”与“竣工结算”两项关键风险点，委托造价咨询单位实行两级复核。一级复核重点审核招标工程量清单、现场造价资料、全口径结算报告等材料的完整性、规范性。二级复核在一级复核基础上，重点审核清单编制质量、“三量”核查、工程依法合规建设、重大设计变更及签证、合同履约情况等内容。

通过“2+2”造价咨询服务监督管理，提升工程量清单质量，降低因清单编制不正确、不规范造成的结算争议数量，实现结算金额的精准控制，做到问题可追溯、整改可闭环。

第二章

电网工程全过程造价咨询工作机制

现阶段，电网建设对工程造价管理的专业性、精准性和高效性提出了更高要求，传统的造价管理手段管理模式碎片化，信息沟通效率低，工程投资偏差大，已无法满足工程精益化管控需求，需探索造价管理新模式。本章从组织模式、工作原则、标准化管理流程、管理机制等方面，对电网工程全过程造价咨询工作机制进行介绍。

第一节
组织模式

为保障全过程造价咨询工作顺利开展，国网江苏电力建立了以省公司建设部为领导，建设管理单位具体执行和管理，造价咨询单位、设计单位、监理单位和施工单位全员参与的组织模式，如图2-1所示。

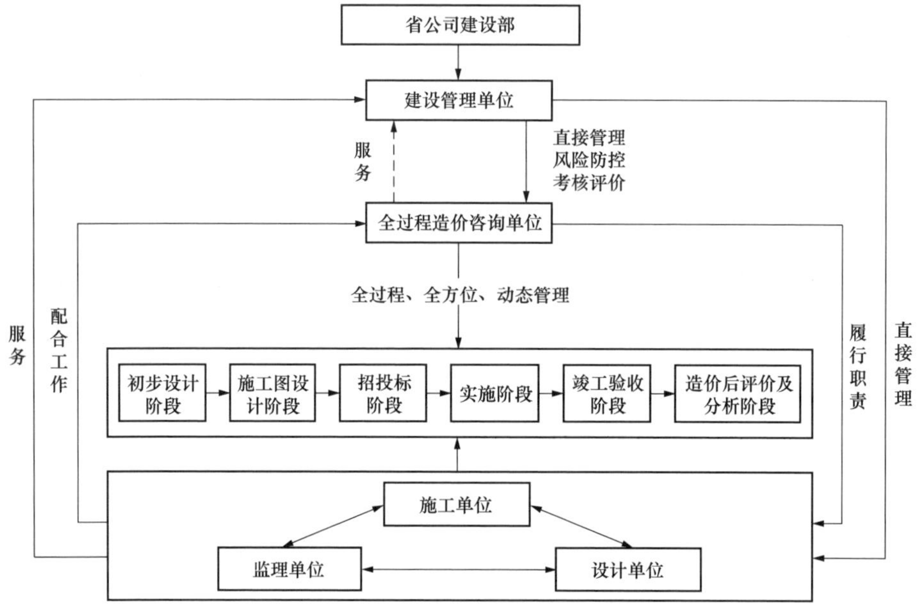

图2-1　全过程造价咨询业务组织机构图

一、省公司建设部主要职责

负责造价咨询单位归口管理，统筹全过程造价咨询管理工作；指导和监督建设管理单位开展造价咨询单位综合评价及业绩考核工作。

二、建设管理单位主要职责

（1）负责建设管理范围内的全过程造价咨询服务的需求提报，签订全过程造价咨询合同。

（2）负责具体落实输变电工程全过程造价咨询管理的有关要求，对造价咨询单位进行日常管理，为造价咨询单位提供住宿及办公驻点便利；开展造价咨询工作的组织与协调，及时处理和上报管理过程中的重大费用问题。

（3）在工程开工前编制全过程造价咨询管理大纲，或在建设管理大纲中体现全过程造价咨询管理的内容。

（4）向省公司建设部汇报造价咨询工作开展情况，对造价咨询单位的工作开展监督、评价及考核。

三、造价咨询单位主要职责

（1）严格执行国家相关法律、法规和网省公司有关制度，遵循合法、独立、客观、公平、公正和守信的原则，恪守职业道德、执业准则，依据有关执业标准开展全过程造价咨询服务。

（2）编制针对具体工程的全过程造价咨询实施方案，明确完成该工程咨询业务的组织、质量、技术、信息保障措施等。

（3）根据工程情况组建造价咨询项目部，配置满足管理要求的项目部人员，根据业务需求派员开展现场驻点。建设管理单位为造价咨询单位提供住宿及办公驻点便利，费用由造价咨询单位自行承担。其中220kV及以上工程需在开工至竣工期间开展驻点咨询工作，110kV及以下工程根据建设单位需要分阶段驻点。

（4）对工程建设开工前、施工过程、投运后等各阶段提供全过程造价咨询服务，对造价咨询成果的真实性、准确性和合法性负责。

（5）参加或组织造价相关会议，向建设管理单位提交全过程造价咨询工作月报，及时反应工程进展、工程结算、变更签证等情况。其中，220kV及以上工程按具体工程单独提交，110kV及以下工程可合并提交。

（6）参与建设管理单位组织的隐蔽和措施项目等重点项目的工程设计、施工、结算“三量”核查工作，具体管控和实测实量项目如表2–1～表2–5所示。

（7）配合技经检查、竣工结算审计、决算审计及后续督察工作。

（8）整理全过程造价咨询成果资料，按阶段按时提交至建设管理单位。

（9）开展施工全过程造价分析工作，包括中标价与招标限价的对比分析、结算价与中标价的对比分析、工程超概或结余分析等。

表2–1　输变电工程工程量清单一级管控清单

序号	专业类别	分部工程	重点清单项
1	建筑工程	主控楼/配电装置室、场地平整	余方弃置
2		地基处理	换填
3		主控楼/配电装置室、事故油池、消防水池、地基处理	回填方（回填材料包括灰土、砂石）
4		主控楼/配电装置室、地基处理	桩基础
5		主控楼/配电装置室	钢柱
6		主控楼/配电装置室	钢梁
7		主控楼/配电装置室	金属墙板
8		主控楼/配电装置室	泄压墙
9		站区道路及广场	站内道路
10		站外道路	进站道路
11		围墙及大门	外墙面装饰
12		整个变电站措施项目	钢板桩
13		整个变电站措施项目	施工降水
14		专业工程暂估价	
15	线路工程（架空）	基础土石方	降基面土方
16		基础钢材	一般钢筋

续表

序号	专业类别	分部工程	重点清单项
17	线路工程（架空）	基础钢材	钢筋笼
18		混凝土工程	灌注桩成孔
19		混凝土工程	灌注桩浇制
20		辅助工程	河塘立塔
21	线路工程（电缆）	工作井	电缆井
22		电缆沟、浅槽	电缆沟
23		土石方工程	破复路面

表2-2　　输变电工程工程量清单二、三级管控清单

序号	专业类别	分部工程	二级清单项	三级清单项
1	建筑工程	主控楼及其他主要建筑	基础外普通钢筋、外墙及内墙（含装饰）、室内沟道及隧道、屋面（排水、保温、防水）	门窗、照明系统、通风及空调系统、给排水系统、吊顶、卫生洁具、复杂地面（包括防静电地板）
2		配电装置建筑	设备构支架、变压器油池/坑、事故油池、电容器、电抗器油坑（含卵石、支墩、钢格栅）、电缆沟道、防火墙	事故油管道、电缆井、检查井、埋管、电缆沟盖板
3		站区供水、消防系统	室外管道、消防水池、水灭火系统	消防器材
4		辅助建筑及其他	一体化泵站、站内外道路、巡视小道（含路缘石）、挡土墙、站区绿化、	站区广场、围墙大门、排水沟、窨井、第三方检测、临时用电
5	安装工程	电气安装	全站接地、电力电缆、控制电缆、电缆防火设施、电缆辅助设施（支架、槽盒）、特殊项目调试、火灾报警系统	绝缘护套（含缠绕带）、金具
6	线路工程（架空）	基础土石方	—	土方开挖及回填（地质情况）
7		架线工程	特殊跨越（跨越高铁、地铁）	一般跨越
8		辅助工程	河塘拆塔措施、施工降水、灌注桩措施	—

表2-3　　变电工程设计、施工、结算“三量”核查表

序号	内容	计量单位	设计量	施工量	结算量	备注
一	变电建筑工程					
（一）	分部分项工程					
1	土（石）方工程					
1.1	挖土（石）方	m^3				
1.2	余方弃置	m^3				一级管控清单项
1.3	外购土方	m^3				
1.4	回填方	m^3				一级管控清单项
2	基础及地基处理工程					
2.1	换填	m^3				一级管控清单项
2.2	桩基础					一级管控清单项
2.2.1	水泥搅拌桩	m				
2.2.2	钢筋混凝土预制桩	m				
2.2.3	混凝土灌注桩	m^3				
3	钢结构工程					
3.1	钢柱	t				一级管控清单项
3.2	钢梁	t				一级管控清单项
3.3	钢墙架	t				
4	墙体工程					
4.1	外墙金属墙板	m^2				一级管控清单项
4.2	泄压墙	m^2				一级管控清单项
4.3	主变压器吸音墙	m^2				
5	户外设备基础					
5.1	GIS基础	m^3				
5.2	GIS基础普通钢筋	t				
6	电缆沟盖板	m^2				
7	站内道路					一级管控清单项
7.1	基层	m^3				
7.2	面层	m^3				

续表

序号	内容	计量单位	设计量	施工量	结算量	备注
8	围墙大门					
8.1	围墙挡土墙	m^3				
8.2	围墙装饰	m^2				一级管控清单项
9	进站道路					一级管控清单项
9.1	基层	m^3				
9.2	面层	m^3				
9.3	进站道路挡土墙	m^3				
10	护坡	m^2				
11	绿化面积（新建/扩建工程）	m^2				
（二）	措施项目					一级管控清单项
1	钢板桩					
1.1	事故油池基坑支护钢板桩	t				
1.2	消防水池及泵房基坑支护钢板桩	t				
1.3	一体化泵站基坑支护钢板桩	t				
2	施工降水					一级管控清单项
2.1	井点降水	m/根				
2.2	运行时间	天				
（三）	其他项目					
1	拆除工程					
1.1	拆除混凝土基础	m^3				
1.2	路面或地坪恢复	m^2				
2	专业工程暂估价					一级管控清单项
二	变电安装工程					
（一）	分部分项工程					
1	电缆安装工程					
1.1	电缆防火设施					

续表

序号	内容	计量单位	设计量	施工量	结算量	备注
1.1.1	防火堵料	t				
1.1.2	防火包	t				
1.1.3	防火涂料	t				
1.1.4	防火隔板	m^2				
2	拆除工程（含搬迁、过渡）					
2.1	屏柜拆除	面				
2.2	电力电缆拆除	m/根				
2.3	控制电缆拆除	m/根				
2.4	光缆拆除	km/段				
3	设备及人员二次进出场					台班、工日、进出场次数

表2-4　线路工程设计、施工、结算“三量”核查表

序号	内容	计量单位	设计量	施工量	结算量	备注
一	分部分项工程					
1	杆塔坑挖方及回填	m^3				
2	基础钢材					
2.1	一般钢筋	t				一级管控清单项
2.2	钢筋笼	t				一级管控清单项
2.3	地脚螺栓	t				
3	混凝土工程					
3.1	现浇基础	m^3				
3.2	灌注桩浇制	m^3				一级管控清单项
3.3	灌注桩成孔	m				一级管控清单项
3.4	垫层	m^3				
4	交叉跨越	处				
二	辅助工程					
1	护坡、挡土墙	m^3				

续表

序号	内容	计量单位	设计量	施工量	结算量	备注
1.1	土方量	m^3				
1.2	混凝土量	m^3				
2	辅助设施土方					
2.1	降基面土方开挖及回填	m^3				一级管控清单项
三	措施项目					
1	施工便桥	处				
四	其他项目					
1	施工便道便桥钢板	块 / m^2/m				
2	钻孔护壁	m^3				
3	河塘措施	基				一级管控清单项
五	拆除工程					
1	拆除工程（基础工程量）					
2	拆除工程（铁塔工程量）					
3	拆除工程（导线工程量）					
4	拆除工程（金具工程量）					
六	设备及人员二次进出场					台班、工日、进出场次数

表2–5　　电缆工程设计、施工、结算“三量”核查表

序号	内容	计量单位	设计量	施工量	结算量	备注
一	建筑工程					
（一）	分部分项工程					
1	挖方及回填	m^3				
2	开挖路面	m^2				一级管控清单项
3	修复路面	m^2				一级管控清单项
4	电缆构筑物钢筋	t				
5	预埋铁件	t				
6	混凝土电缆沟、浅槽	m^3				一级管控清单项
7	混凝土工作井	m^3				一级管控清单项

续表

序号	内容	计量单位	设计量	施工量	结算量	备注
8	电缆排管浇筑	m^3				
9	管道顶进	m				
10	水平导向钻进	m				
11	辅助工程					
11.1	钢板桩	t				
11.2	型钢桩	t				
11.3	高压旋喷桩	t				
11.4	钢支撑	t				
（二）	措施项目					
1	降水					
1.1	井点降水	m/根				
1.2	运行时间	天				
二	安装工程					
（一）	分部分项工程					
1	电缆防火					
1.1	防火堵料	t				
1.2	防火包	t				
1.3	防火涂料	t				
1.4	防火隔板	m^2				
1.5	防火带	m				

四、设计单位主要职责

（1）履行设计合同约定对于费用控制的职责，负责设计相关造价资料归集，在初设评审完成后、施工图评审完成后提供正式出版的批复概算文件及施工图预算文件，并以此作为后续现场造价管控的依据。

（2）在工程施工现场提供工地代表服务，参与工程原始地貌测量、地基验槽、隐蔽工程验收等涉及工程量确认的相关工作。严禁在未履行任何手续的情况下在竣工图中标识施工图中未标识的工程量。

（3）配合造价咨询工作的开展，处理协调工程造价争议问题。

五、监理单位主要职责

（1）履行监理合同约定的造价相关职责，负责监理相关造价资料归集。

（2）依据输变电工程工程量清单分级管控清单，参与重点项目三量核查工作。

（3）配合全过程造价咨询工作，处理协调工程造价争议问题。

六、施工单位主要职责

（1）编制上报现场签证，提供该项签证的施工方案、工程量证明、费用计算书等佐证材料。

（2）按进度提交进度款申报表及农民工工资支付证明性材料。

（3）对于施工图不能明确、需根据现场实际情况确认的工程量，施工单位应主动汇报建设管理单位及监理单位，落实后续实测实量工作。

（4）按照时间节点要求提交工程（分部）结算书，接受造价咨询单位审核。

第二节 工作原则

一、职责清晰、落实到位

建设管理单位做好过程管控监督协调，施工单位做到过程真实准确合规，监理单位做好“四控制一协调”，设计单位做好设计质量管理与现场服务，咨询单位应秉承公平公正的精神、独立客观开展咨询工作，各单位造价人员到岗到位。各参建单位按要求各司其职，造价咨询单位不能替代其他单位的工作职责。

二、管控重点、造价合理

强化现场造价关键节点把控，设计变更与现场签证相关的技术方案、费用调整，应同步提出、同步审核。进行技术经济比选分析，在确保安全质量前提下，力求经济最优。

三、过程精准、确保质量

精准定位主要风险，主动采取风险防控措施，及时解决现场造价争议问题。隐蔽工程、不可追溯的工作内容等，应留有记录资料，实现“过程控制”。

四、专业协同、统筹推进

要落实造价管理目标，必须围绕业主项目部各项业务，将造价咨询有机融入项目管理过程中。建设管理单位牵头管理造价咨询单位，业主项目部项目经理、安质、物资、技术各专职人员在所辖业务范围内与造价咨询单位相互配合，分工明确、相互协同，共同落实技经管理各项要求。

第三节 标准化管理流程

全过程造价咨询标准化管理工作包括工程初步设计概算审查、施工图预算审查、招标工程量清单及招标控制价审核、工程进度款审查、农民工工资支付审查、隐蔽工程及重要部位工程量确认、设计变更及现场签证费用审查、暂估及新增乙供材料核价、分部结算审查、建设场地征用与清理费用汇总、施工竣工结算审查、工程全口径竣工结算报告配合编制、工程造价分析、工程“两算”审计及各类技经检查与督察配合、费用索赔和反索赔的处理咨询、其他与造价咨询有关的工作。其中，其他与造价咨询有关的工作包括协助开展现场造价标准化管理。全过程造价咨询标准化管理总体流程如图2-2所示。

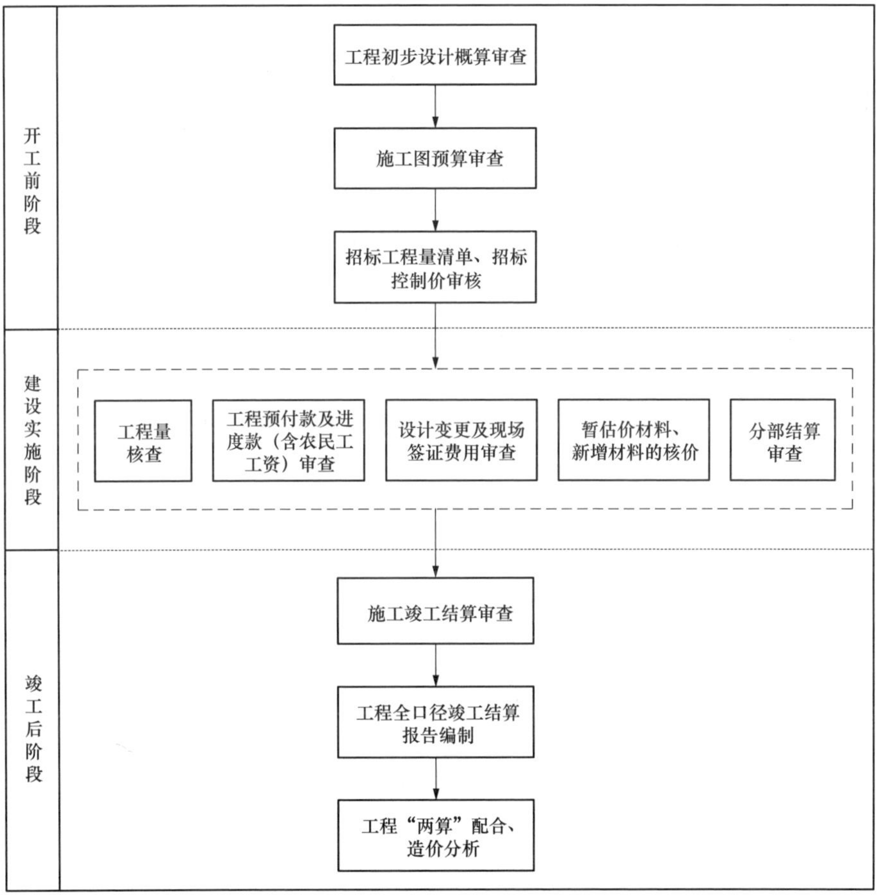

图2-2　全过程造价咨询标准化管理总体流程图

第四节 管理机制

一、人员配置和现场驻点

1. 人员配置要求

造价咨询单位应在合同签订后7日内成立造价咨询项目部，并向建设管理单位书面报备，项目部应包含一名项目经理，各专业至少安排一名造价人员，合同履行期间原则上不得更换项目部成员。项目经理必须具备注册一级造价师资格，造价咨询工作年限5年以上，必须在施工关键节点、重要会议、专家论证、大型方案论证等现场参加；咨询全过程实行项目经理负责制。各专业造价人员必须具备注册二级造价师或造价员及以上资格，造价咨询工作年限3年以上，有同类工程咨询的经验。全过程造价咨询项目部标准化配置达标检查表如表2-6所示。

表2-6　　全过程造价咨询项目部标准化配置达标检查表

序号	检查项目	检查标准	评分标准	扣分及原因
		500kV及以上工程		
一、全过程造价咨询项目部组建及人员配置（60分）				
1	项目部组建	（1）已按要求组建造价咨询项目部，并以书面文件任命； （2）任职人员资格及数量配置不得低于工程要求	（1）无项目部成立文件或任命文件扣10分； （2）管理人员数量低于工程要求，每少1人扣1分。不满足实际要求的，不达标	
2	项目经理任职资格	（1）项目经理具有国家注册一级造价工程师及中级职称，且在有效期内； （2）年龄不大于45周岁； （3）造价咨询工作年限不少于5年；	（1）无资格证书，扣15分； （2）资格证书不在有效期内，扣10分； （3）年龄大于规定要求，扣5分；	

续表

序号	检查项目	检查标准 500kV及以上工程	评分标准	扣分及原因
2	项目经理任职资格	（4）业绩要求：担任过不少于2项工程总投资在1亿元以上的造价咨询项目负责人工作经历	（4）业绩不满足要求，扣5分； （5）人员未到岗，扣20分	
3	专业造价人员任职资格	（1）具备注册二级造价师或造价员及以上资格； （2）造价咨询工作年限2年及以上； （3）有不少于1项工程总投资在1亿元以上的造价咨询工作经历	（1）无资格证书，扣15分； （2）资格证书不在有效期内，扣10分； （3）业绩不满足要求，扣分； （4）人员未到岗，扣20分	
二、全过程造价咨询项目部设备、设施（40分）				
（一）	办公设备			
1	计算机	数量应满足工程需要	每缺少一台计算机扣2分	
2	打印机	不少于1台	无打印机扣2分	
3	扫描仪	不少于1台	无扫描仪扣2分	
4	计价软件	适用电力工程的算量软件和计价软件	无算量软件和计价软件扣2分	
（二）	个人安全防护用品	（1）安全帽每人1顶； （2）检验合格，并在有效期内	（1）每缺少一顶安全帽，扣2分； （2）安全帽超期使用，扣3分	
（三）	办公场所	（1）造价咨询项目部办公场所应独立于施工项目经理部设置； （2）办公室入口应设立项目部铭牌； （3）办公室布置应规范整齐，办公设施齐全； （4）张挂造价咨询管理目标、组织机构图、造价咨询项目部及主要人员岗位职责牌	（1）造价咨询项目部无独立的办公场所，扣15分； （2）办公室入口未设立项目部铭牌，扣2分； （3）办公室缺少办公桌椅、文件柜等办公设施的，扣3分； （4）未张挂图牌，扣2分	
实得分			扣分	
达标检查结果：				

2. 现场驻点要求

咨询单位应采用现场驻点与公司办公相结合的工作方式。土建主体施工阶段造价咨询单位现场常驻土建人员不得少于1人，电气设备开始安装阶段必须增加1名安装人员，大型线路工程应安排1名线路人员常驻。常驻人员每月驻点时间不得少于20天，负责现场收集资料、现场踏勘测量、隐蔽工程见证、参加造价现场决策等造价相关事项。现场办公场所由建设管理单位提供，笔记本电脑、计价软件等办公软硬件由造价咨询单位自备。公司办公是指造价咨询单位安排非驻点人员配合各项造价工作，对现场工作进行指导和支撑，必要时到施工现场开展咨询支持。

驻点人员应每周上报现场造价工作开展情况，重点关注以下建设环节：

（1）拆除、余土外运、场地降水排水、围堰、填土垫道、线路跨越等难以查实或不可追溯的临时措施工作。

（2）变电站建筑工程土石方、桩基、护坡、挡土墙，变电站安装工程接地、特殊调试，线路工程基坑、护壁、临时（永久）围堰、填土垫道等隐蔽工程量的确认。

（3）现场窝工、零星用工的确认。监理对这些重点环节必须做好记录和留下影像资料，造价咨询驻点人员应在入场时与监理沟通相关工作计划，跟踪现场实施情况并做好台账记录，必要时参与旁站见证，单独拍摄证明影像资料。

二、策划与交底机制

造价咨询单位应做好工程情况的调研准备，全过程造价咨询项目部组织机构成立通知样式如图2-3所示。咨询项目部成立后7日内编制全过程造价咨询实施计划方案，报建设管理单位审核，并上报省公司建设部。业主项目部成立后召开造价咨询进点见面会议，明确建设单位和咨询单位的工作界面与职责范围，确认在各建设环节建设管理单位及设计、监理、施工单位的配合工作，以及遇有紧急变更或其他重大事项时的处理流程。输变电工程全过程造价咨询方案样式如图2–4所示。

关于组建××输变电工程全过程造价咨询项目部的通知

××公司：

根据贵公司和我公司签订的《××输变电工程全过程跟踪咨询合同》的相关条款约定，结合本项目实际情况需求，我公司按合同要求组建全过程造价咨询项目部：

项目经理：

驻场人员：

土建造价师：

安装造价师：

公司配合人员：

请贵公司××输变电工程项目管理部给予工作支持和方便。

××有限公司（章）

年　　月　　日

图2–3　全过程造价咨询项目部组织机构成立通知样式

造价咨询项目经理应参加技经交底会议，包括首次会议及阶段交底会议，参与对参建各方进行的合同造价条款交底，重点对施工范围、投标人采购材料范围、价格调整、计量与支付、履约要求及违约责任等内容进行解读，确保现场人员充分理解合同造价有关条文。造价咨询项目经理还应做好全过程造价咨询工作的宣贯交底，阐述咨询实施计划方案，结合技经管理要求明确各参建方的合作形式、工作内容、应提供的资料清单、时间节点要求等。技经交底会议纪要样式如图2–5所示。

××输变电工程全过程造价咨询方案

一、咨询项目工程概况

二、全过程造价咨询基本范围

1.初步设计概算审核
2.施工图预算审核
3.招标控制价审核
4.招标文件及工程量清单审核
5.施工合同审核
6.施工图纸审核
7.现场技经交底
8.设计变更及现场签证费用审核

……

三、全过程造价咨询项目部设置

1.组建原则
2.人员配置及资格条件
3.基本设施配置

四、全过程造价咨询工作依据

五、全过程造价咨询工作制度

六、全过程造价咨询工作方式

七、全过程造价咨询各阶段实施方案

1.初步设计概算审核
2.施工图预算审核
3.招标控制价审核
4.招标文件及工程量清单审核
5.施工合同审核
6.施工图纸审核
7.现场技经交底
8.设计变更及现场签证费用审核
9.工程预付款审核
10.分部结算审核
11.竣工结算审核
12.配合工程验收及评优报奖
13.配合工程后续造价分析及其他造价管控工作

八、全过程造价咨询保障措施

九、全过程造价咨询进度计划

十、全过程造价咨询保密措施

十一、全过程造价咨询成果文件

图2-4　输变电工程全过程造价咨询方案样式

××××输变电工程技经交底会议纪要

××年××月××日，×××组织相关单位在××××会议室召开了××××工程技经交底会议，会议由×××主持，参加会议的主要单位有：××××、××××监理单位、××××设计单位、××××施工单位、××××咨询单位……根据国家电网有限公司通用制度及省公司建设部、××××单位相关管理要求，为规范输变电工程建设管理，加强工程建设过程中的造价控制、技经管理，结合本次交底，×××对有关内容做了重点说明。会议形成纪要如下：

一、造价管理执行的相关文件

……

二、技经管理

1. 现场资料准备

2. 设计变更与现场签证

3. 施工图预算

4. 分部结算要求

5. 竣工结算要求

6. 全过程造价咨询要求

……

三、本工程与施工结算相关的合同条款

1. 新增或变更项单价组成

2. 人材机调整

3. 合同价格及其调整的其他约定

4. 合同价款中除包括已列工程量清单项目、措施费等各项费用外，还充分考虑并包括了以下费用：

……

四、其他说明

……

图2-5 技经交底会议纪要

三、会议汇报机制

从成立造价咨询项目部至完成造价分析的主要服务期间内，造价咨询单位应在每月月初以月报形式报送工作开展情况（见图2–6），建设管理单位汇总上报省公司建设部。建设管理单位每月组织召开一次技经例会，不得与工地其他会议合并召开，业主项目部、监理、设计、施工、造价咨询单位、属地单位相关人员参会，会议应总结上月造价工作，洽商重大技经问题，安排布置本月任务。在造价管理过程中若发现通用问题或典型问题，可以在例会中进行问题通报。会议纪要由造价咨询单位整理编写，经业主项目部签字后下发各参会单位。

凡涉及重大设计变更与签证，需建设管理单位出面协调、牵涉各方纠纷或赔偿以及其他造价咨询单位认为有必要的事项，均应当以重大事项专题报告的形式汇报建设管理单位，通过专题会议协商解决，必要时上报省公司建设部请示处理。

造价咨询单位依据审定施工图预算，结合分部结算金额对工程造价变化情况实施动态监测，从量、价、费分析实际工程造价与审定施工图预算的差异，做好过程造价的对比分析，与建设管理单位技经管理人员共同制定风险防控措施。

分部结算审查及竣工结算审查期间，造价咨询项目经理应根据需要召开专题审查会议，指定相关人员参加并做好会议记录，整理会议纪要存档，随结算审核报告一同提交。

建设管理单位根据造价咨询业务情况做跟踪管理台账，不定期组织造价成效检查，确保咨询工作规范及时开展。

<table>
<tr><td colspan="4">本月项目进展情况</td></tr>
<tr><td colspan="4">一、项目施工进展情况，与投标书进度的差异及原因分析

二、本月完成工程量及投资额情况，与计划工程量差异及原因分析
1. 投资额情况

2. 计划工程量差异原因分析

三、本月工程变更情况

四、本月工程签证情况

五、本月其他重大事项</td></tr>
<tr><td colspan="4">本月造价咨询情况</td></tr>
<tr><td>审核招投标</td><td>项</td><td>审核合同</td><td>份</td></tr>
<tr><td>审核变更、签证</td><td>份</td><td>审核工程结算</td><td>份</td></tr>
<tr><td>跟踪控制意见单</td><td>份</td><td>跟踪控制联系单</td><td>份</td></tr>
<tr><td>工程造价审定单</td><td>份</td><td>专题会议纪要</td><td>份</td></tr>
<tr><td colspan="4">一、审核变更签证情况

二、审核施工单位付款申请情况

三、隐蔽工程等检查情况

四、设备/材料询价定价情况

五、合理化建议

六、有关工程初审核情况

七、其他事项</td></tr>
</table>

图2-6　全过程造价咨询跟踪月报示例

四、人员培训管理

造价咨询单位应对现场驻点人员开展安全教育，为驻点人员购买安全保险，提高造价咨询人员的安全防护意识。现场勘测需在施工专业人员的监护下进行，必须遵守现场安全文明要求，配备必要的安全装备。

造价咨询单位应严格遵守各项保密制度，对参加该项目的所有人员进行相关保密知识教育，对在工程造价咨询过程中涉密资料以及尚未公开的有关信息承担保密义务，并采取相应的保密措施。

五、评价考核管理

1. 造价咨询单位评价考核管理

建设管理单位每季度对造价咨询单位开展工作阶段性评价，根据工作质量和服务态度进行总体评分。阶段性评价情况作为最终评价的依据之一。造价咨询业务全部完成后，根据业务规范性、准确性、服务质量对全过程造价咨询单位进行评价，按照全过程造价咨询项目部综合评价表（见表2–7）内容进行逐项评分，在评价当年将结果上报省公司建设部。

表2–7　　全过程造价咨询项目部综合评价表

序号	评价指标	标准分值	考核内容及评分标准	得分	扣分原因
一、造价咨询项目部标准化建设（12分）					
1	项目部组建	4	（1）造价咨询单位应在合同签订后7日内成立全过程造价咨询项目部，并向建设管理单位书面报备； （2）项目部应包含一名项目经理，各专业至少安排一名造价人员，合同履行期间原则上不得更换项目部成员		
2	项目部人员资格	4	（1）项目经理必须具备注册一级造价师资格，造价咨询工作年限5年以上；		

续表

序号	评价指标	标准分值	考核内容及评分标准	得分	扣分原因
2	项目部人员资格	4	（2）各专业造价人员必须具备注册二级造价师或造价员及以上资格，造价咨询工作年限2年以上		
3	现场驻点	4	（1）土建主体施工阶段造价咨询单位现场常驻人员不得少于1人（土建）； （2）电气设备开始安装阶段必须增加1名安装人员； （3）大型线路工程应安排1名线路人员常驻		
二、重点工作开展情况（56分）					
1	咨询方案	4	造价咨询单位做好工程情况的调研准备，咨询项目部成立后7日内编制全过程造价咨询实施方案，报造价咨询中心审核，并上报省公司建设部		
2	技经交底及例会	4	造价咨询项目经理应参加技经交底会议和技经例会，做好全过程造价咨询工作的宣贯交底，阐述咨询实施计划方案，结合技经管理要求明确各参建方的合作形式、工作内容、应提供的资料清单、时间节点要求等		
3	初步设计概算审查意见报告书	4	在初步设计内审和工程评审阶段，及时提出造价专业审查意见，纸质版真实完整，签字盖章手续完备。除纸质版外还应提交全套资料及支持资料的电子版文件，包括现场勘测的影像资料		
4	施工图预算审查报告书	4	在施工图审查阶段，及时提出造价专业审查意见，纸质版真实完整，签字盖章手续完备。除纸质版外还应提交全套资料及支持资料的电子版文件，包括现场勘测的影像资料		
5	工程量清单、招标控制价审核报告书	4	在工程量清单审查阶段，及时提出造价专业审查意见，纸质版真实完整，签字盖章手续完备。除纸质版外还应提交全套资料及支持资料的电子版文件，包括现场勘测的影像资料		
6	进度款付款登记台账	4	保证文件资料真实完整、签字盖章手续完备。除纸质版外还应提交全套资料及支持资料的电子版文件，包括现场勘测的影像资料		

续表

序号	评价指标	标准分值	考核内容及评分标准	得分	扣分原因
7	设计变更和现场签证审查咨询意见	4	保证文件资料真实完整、签字盖章手续完备。除纸质版外还应提交全套资料及支持资料的电子版文件，包括现场勘测的影像资料		
8	设计变更汇总表、签证汇总表	4	保证文件资料真实完整、签字盖章手续完备。除纸质版外还应提交全套资料及支持资料的电子版文件，包括现场勘测的影像资料		
9	重要措施项目及隐蔽工程跟踪台账	4	保证文件资料真实完整、签字盖章手续完备。除纸质版外还应提交全套资料及支持资料的电子版文件，包括现场勘测的影像资料		
10	乙供材料和设备核价单	4	保证文件资料真实完整、签字盖章手续完备。除纸质版外还应提交全套资料及支持资料的电子版文件，包括现场勘测的影像资料		
11	分部结算审核咨询报告	4	保证文件资料真实完整、签字盖章手续完备。除纸质版外还应提交全套资料及支持资料的电子版文件，包括现场勘测的影像资料		
12	竣工结算审核咨询报告	4	保证文件资料真实完整、签字盖章手续完备。除纸质版外还应提交全套资料及支持资料的电子版文件，包括现场勘测的影像资料		
13	全过程工程造价咨询跟踪月报	4	保证文件资料真实完整、签字盖章手续完备。除纸质版外还应提交全套资料及支持资料的电子版文件，包括现场勘测的影像资料		
14	工程造价分析报告	4	保证文件资料真实完整、签字盖章手续完备。除纸质版外还应提交全套资料及支持资料的电子版文件，包括现场勘测的影像资料		
三、工作成效（32分）					
1	重点分析	8	对施工过程中提出的现场签证等变更及时提供造价审核分析，对不同方案进行技术与经济比较，出具变更审核意见		
2	动态防控	8	依据审定施工图预算，结合分部结算金额对工程造价变化情况实施动态监测，从量、价、费分析实际工程造价与审定施工图预算的差异，做好过程造价的对比分析和风险防控措施		

续表

序号	评价指标	标准分值	考核内容及评分标准	得分	扣分原因
3	典型案例	8	在造价管理过程中发现通用问题或典型问题，进行分析总结，形成典型案例		
4	创新管理	8	探索现场造价咨询管理手段，加强现场造价数据化、信息化、智能化管理，在协调、评审、创新等具体业务中探索优良做法，对造价管理水平的创新成果有显著提高的		
总分					

由于造价咨询单位原因，输变电工程在公司及以上各项审计或检查中发现问题，建设管理单位视问题严重性对造价咨询单位进行约谈，按照造价咨询合同相关条款扣除咨询服务费，并在服务质量评价时扣减相应分数。如造价咨询单位有违纪违规、弄虚作假现象的，建设管理单位根据情况做通报点评；如造价咨询单位积极开展咨询业务，在协调、评审、创新等具体业务中探索优良做法，建设管理单位开展通报表扬。通报情况应上报省公司建设部。

2. 结算偏差考核管理

根据全过程造价咨询相关管理规定，合同结算价须在合同签约价的基础上扣除内外审的结算偏差率，当内外审偏差率在5%以内时，全过程造价咨询费用可全额结算，该比例的计算过程详见本书第五章第五节。造价咨询合同费用结算标准及造价咨询费用划分如表2–8、表2–9所示。

表2–8 造价咨询合同费用结算标准

偏差范围	结算扣减率取值
偏差率≤5%	0（按签约价结算）
5%<偏差率≤10%	工程结算偏差率
10%≤偏差率≤15%	工程结算偏差率×1.5
偏差率>15%	工程结算偏差率×2（结算偏差扣减率最大为50%，扣完为止）

表2-9　　　　输变电工程造价咨询费用划分

主要工作内容和方法	成果文件	费用比例
一、初步设计阶段		
参与初设预算、内审、评审，审核概算文件	初设概算初审报告	10%
二、施工图设计阶段		
参与施工文件评审，审核施工图预算文件	施工图预算初审报告	5%
审核招标工程量清单及限价文件	招标工程量清单及限价审核报告	15%
三、施工阶段（驻场）		
施工过程造价分析，含中标价与限价的造价分析	中标价与限价的造价分析报告	35%
审核过程造价文件，含设计变更及签证、进度款、农民工工资支付	各类过程造价文件的审核意见单	
参与现场工程量确认，含地基验槽、砂石回填等隐蔽工程	地基验槽记录、工程量确认单	
开展现场实测实量，与各参建单位开展现场工程量测量	工程量确认单	
对施工过程中造价咨询开展情况进行总结汇报	工程现场造价咨询跟踪月报	
参与乙供材料及设备价格审核，对材料或设备单价提出审核意见	乙供材料和设备核价单	
四、（分部）结算审核		
对施工单位提交的（分部）结算书进行审核	（分部）结算审核报告	35%
竣工结算造价分析，含结算价与中标价的分析、结算价与概算价的分析		

注　上述费用计算基数为造价咨询合同签约价，其中某项工作未开展的，费用不予结算。

六、资料管理要求

在工程建设期间内，造价咨询单位应协助建设管理单位及时收集整理各种过程造价文件，包括但不限于：工程各类合同或协议书，中标通知书，招标文件及投标文件，岩土工程勘察报告，施工图纸，图纸会审记录，工程测量定位放线记录，施工组织设计，专项施工方案，地基验槽记录，打桩记录，验孔记录，机械进出场记录，隐蔽工程验收资料，竣工验收报告，批准概算，经审查的施工图预算，分部结算资料，设计变更及现场签证，监理日志，施工日志，工程的洽商、变更、会议纪要等书面协议或文件。

造价咨询单位本身的咨询业务应产生系统、完整的成果资料，成果资料包括全过程造价咨询项目部组织机构成立通知（图2–3）、输配电工程全过程造价咨询方案（图2–4）、技经交底会议纪要（图2–5）、初步设计概算审查意见（图3–1）、施工图预算审查意见（图3–3）、工程量清单与招标控制价审查意见（图3–5）、预付款/进度款审核意见单（表3–3）进度款付款登记台账（表3–4）、设计变更/现场签证审核意见单（表3–5）、设计变更/现场签证汇总表（表3–6）、乙供材料价格审核会签表（表3–7）、分部结算审核报告（图3–10）以及工程造价分析报告（图3–13）。工程竣工后100天内造价咨询单位应提交不少于2套资料的纸质版原件（除造价分析报告），造价分析报告在决算审计完成后30天内提交。除纸质版外还应提交以上全套资料及支撑资料的电子版文件，包括现场勘测的影像资料。造价咨询单位应保证成果文件真实完整、签字盖章规范完备、图表页面整洁、资料装订整齐、分类顺序清晰。

新技术或新管理办法的应用也是咨询成果的一部分，造价咨询单位可探索现场造价咨询创新手段，加强现场造价数据化、信息化、智能化管理，利用远程视频监控、基建管理系统等辅助工作的开展，建设管理单位应对能显著提高造价管理水平的创新成果进行效果评估和适当奖励。

第三章

电网工程全过程造价咨询管理内容及措施

本章根据工程建设时序介绍电网工程全过程造价咨询的11项重点内容，分别为初步设计概算审查、施工图预算审查、工程量清单及招标控制价审核、隐蔽工程及工程量确认、工程进度款及农民工工资支付审查、设计变更及现场签证审查、暂估价及新增乙供材料核价、分部结算审查、建设场地征用与清理费用汇总、竣工结算审查和造价分析，对各项工作的工作内容、审查重点、成果示例模板和实施流程进行详细介绍。

第一节

初步设计概算审查

一、工作内容

全过程造价咨询单位参与初步设计内审和初步设计正式评审。初步设计内审由省公司建设部组织，建设管理单位组织造价咨询单位参加，对概算进行审查并提出内审审查意见，意见示例如图3-1所示。设计单位应在初步设计内审会前提供主要设备材料清册、初设图纸、待评审的初步设计文件和概算书等资料。

初步设计评审由国网基建部组织，以评审会议形式开展，建设管理单位组织造价咨询单位参加评审会议，参与讨论概算文件。建设管理单位在初设批复后向造价咨询单位提供审定设计文件、概算书、初步设计评审意见及批复文件，作为咨询业务开展的基础支撑资料，审定概算即为工程造价的控制上限。

二、审查内容

依据《国网基建部关于印发进一步加强输变电工程初步设计评审管理指导意见的通知》（基建技经〔2016〕128号）等文件要求进行初步设计概算审核。

1. 编制依据的审核

设计概算文件所使用的各类依据，如定额、指标、价格、取费标准等，都应根据国家有关部门的规定实行，不得擅自提高概算定额、指标或费用标准。

×××输变电工程初步设计概算审查意见

××××公司：

受××××公司委托，我公司组织专业人员于××年××月××日，对×××输变电工程初步设计概算进行了审查，审查意见如下：

一、审查内容及范围

编制单位提交的初步设计概算，上报静态总投资为××万元。包括以下项目内容：

（一）×××变电站新建工程

（二）……

二、审查依据

（1）现行《电网工程建设预算编制与计算规定》《电力工程建设概/预算定额》及配套规定。

（2）电力工程造价与定额管理总站发布的人材机调整文件。

（3）国家电网有限公司发布的设备材料信息价及工程所在地建设主管部门发布的地方材料价格信息。

（4）地方政府发布的政策文件规定。

（5）初步设计图纸。

（6）批准的可行性研究报告。

三、审查意见

（一）总体部分

（1）初步设计概算是否完整，涉及的内容是否与可研一致；

（2）概算编制的项目名称是否与可研相对应；

（3）地方性材料市场价格是否按工程所在地造价管理部门发布的信息价（考虑运距）计列调整；定额材机调整系数是否按执行上级部门发布的最新调整文件执行；

（4）其他费用取费范围是否合理、是否有漏项；

……

（二）×××输变电工程

1.×××变电站新建工程

……

2.×××间隔扩建工程

……

3.×××线路工程

……

四、其他及建议

图3–1　初步设计概算审查意见示例

2. 编制内容的审核

（1）设计概算编制项目的建设规模和建设标准、配套工程等是否符合批准的可行性研究报告或立项批文；审查设计总概算是否在投资估算范围内，对总概算投资超过批准投资估算10%以上的，应进行技术经济论证，需重新上报进行审批。

（2）概算中各项费用的计取程序和取费标准是否符合国家或地方有关部门的规定，如工程预备费的计算基数和计算比例是否准确。

（3）总概算文件的内容是否完整包括了工程项目从筹建至竣工投产的全部费用组成。

（4）概算中技术经济指标的计算方法和程序是否正确。根据项目的规模、标准等基本情况，对比相似项目技术经济指标情况，分析概算的合理性。

3. 关键项目的审核

（1）初步设计概算与可研估算、通用造价、标准参考价差异的合理性。

（2）概算工程量与初步设计文件及设备材料清册的一致性。

（3）装置性材料价格、主要设备材料价格、地方性材料价格的准确性及计列依据。

（4）变电站工程特殊调试费用的准确性及计列依据。

（5）架空线路工程工地运输距离计列是否准确。

（6）建设场地征用及清理费、大件运输措施费、桩基检测费等其他费用的准确性及计列依据。

（7）拆除工程方案费用技经比较。

（8）专题研究费用的准确性及计列依据。

（9）修桥、修路、特殊跨越等特殊项目费用的准确性及计列依据。

（10）深基坑支护、施工降水等措施项目是否有方案、是否计列费用。

（11）场地绿化方案、面积、费用是否计列准确。

（12）变电站装饰装修，如通信楼、继电器保护小室、主变压器防火墙、围墙等外墙涂料需与项目经理确认是否需要替换为真石漆/干粘石/一体化保温板等材质。

三、相关流程图

全过程造价咨询相关的初步设计概算审查流程图如图3–2所示。

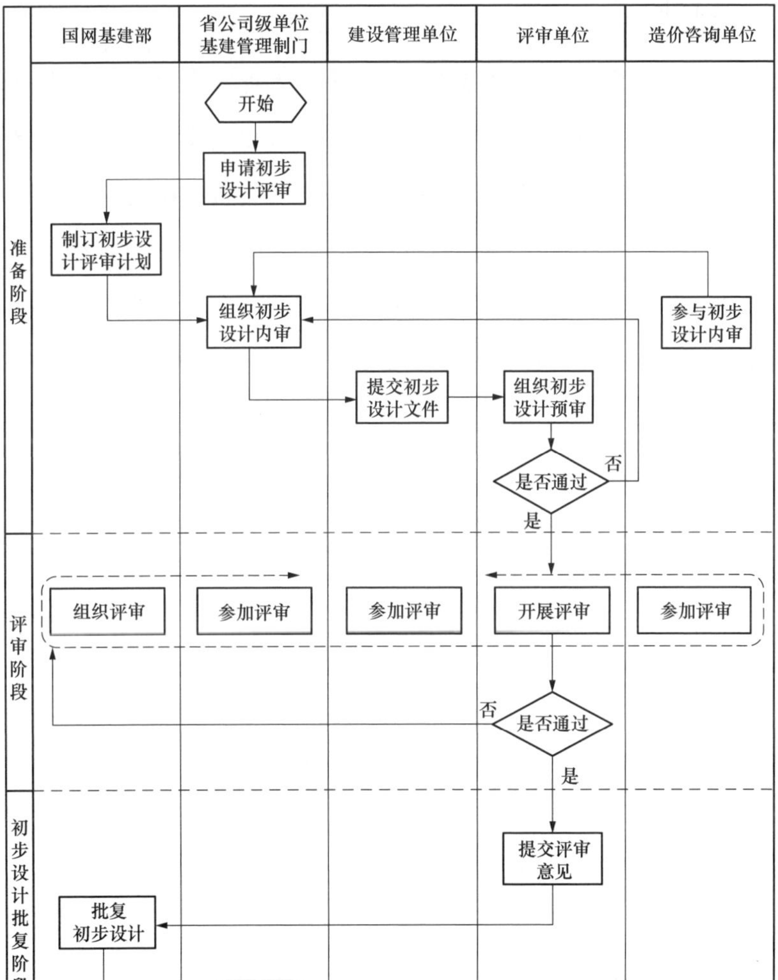

图3–2　全过程造价咨询相关的初步设计概算审查流程图

第二节 施工图预算审查

一、工作内容

根据施工图预算管理相关规定，施工图文件评审由该工程初步设计评审单位负责。工程施工招标前应完成满足招标深度要求的建筑安装工程施工图预算审核，工程开工前应完成基于施工图设计及物资招标结果的全口径施工图预算审核。

施工图文件评审会议由建设管理单位组织召开，设计单位、全过程造价咨询单位等参加。全过程造价咨询单位对施工图预算进行审查并提出审查意见，提供给评审单位作为参考，审查意见示例如图3–3所示。但造价咨询单位的审查意见不能替代施工图文件评审单位的预算审核结果。

施工图预算审定后，建设管理单位应及时将预算提供给造价咨询单位，作为咨询业务开展的基础支撑资料。

二、审查内容

依据《国家电网有限公司输变电工程施工图预算管理办法》及《国家电网有限公司关于加强输变电工程施工图预算精准管控的意见》（国家电网基建〔2018〕1061号）等文件要求进行施工图预算审核。

1. 总体方面的审核

工程预算编制依据的时效性、合法性和合理性，单项工程项目、建筑面积、建筑标准是否与初步设计文件一致，所采用的编制方法、计价依据和程序是否符合相关规定。

×××输变电工程施工图预算审查意见

××××公司：

受××××公司委托，我公司组织专业人员于××年××月××日，对×××输变电工程施工图预算进行了审查，审查意见如下：

一、审查内容及范围

编制单位提交的施工图预算，上报静态总投资为××万元。包括以下项目内容：

（一）×××变电站新建工程

（二）……

二、审查依据

（一）现行《电网工程建设预算编制与计算规定》《电力工程建设概预算定额》及配套规定

（二）电力工程造价与定额管理总站发布的人材机调整文件

（三）国家电网有限公司发布的设备材料信息价及工程所在地建设主管部门发布的地方材料价格信息

（四）《国家电网有限公司输变电工程施工图预算管理办法》《国家电网有限公司关于加强输变电工程施工图预算精准管控的意见》（国家电网基建〔2018〕1061号）

（五）地方政府发布的政策文件规定

（六）工程初步设计批复文件及概算

（七）施工图设计文件

（八）已签订的合同（协议）

三、审查意见

（一）总体部分

（1）施工图预算编制必须完整，预算包括建筑工程费、安装工程费及包含在施工招标范围内的其他工程费。

（2）施工图预算编制的项目名称应与批准概算相对应。

（3）施工图预算工程量应严格依据施工图设计文件计算，确保施工图预算费用的合理性及精准性。

（4）按评审要求做好建筑安装工程施工图预算与同口径批准概算的各项费用对比分析，明确与初步设计重大变化数量及费用。

（5）装置性材料按照预算价格进入本体取费，与市场价出现较大偏差时应进行价差处理；地方性材料市场价格按施工图预算编制期工程所在地造价管理部门发布的信息价（考虑运距）计列；定额人材机调整系数按上级部门发布的最新调整文件执行。

（二）×××输变电工程

×××变电站新建工程主要建议调整内容：

×××间隔扩建工程主要建议调整内容：

×××线路工程主要建议调整内容：

四、其他及建议

图3–3　施工图预算审查意见示例

2. 工程量的审核

工程量的计算是否准确，工程量审核应根据施工图纸、专家评审的施工组织设计和施工方案以及预算定额规定的计量规则进行计算。工程量较大、造价较高、对整体造价影响较大的项目应作为审核的重点。

3. 预算单价的审核

（1）预算中主要材料的用量和价格是否与编制期现行采购平台价格相适应，是否符合工程所在地的价格水平，材料价差调整是否符合相关规定等。

（2）预算中设备规格、数量、配置是否符合设计要求，设备原价和运杂费是否正确；非标准设备原价的计价方法是否符合规定；进口设备各项费用的组成及计算程序、方法是否符合规定。

4. 关键项目的审核

（1）预算中工程量的准确性及与施工图的一致性。

（2）施工图预算与初步设计概算差异的合理性、主要技术经济指标的合理性。

（3）建筑物、电缆沟道、道路、围墙、挡土墙、护坡、排水沟、地基处理、桩基础、石方二次爆破、站区绿化的单位造价指标是否合理。

（4）建筑物中门、窗、空调、灯具等材料价格是否合理。

（5）大型土石方费用计列是否与施工图设计一致，运距是否合理。

（6）场地土石比是否与设计图纸一致；挖方、填方、外运土方等工程量计算是否正确，定额套用是否正确。

（7）电力电缆、控制电缆、光缆等工程量是否与材料清册一致，技术经济指标是否合理。

（8）光缆熔接费用、端子头数量是否合理。

（9）调试工作的具体项目是否正确，费用是否合理。

（10）架空线路相关运输方式和运输距离是否合理。

（11）架空线路土石方工程量、地形比例、土质划分比例、基础混凝土工程量、基础钢筋量、基础型式划分是否准确。

（12）架空线路混凝土浇筑定额系数取定、混凝土超灌量计算是否正确。

（13）杆塔、接地工程量计算是否准确，定额套用是否合理。

（14）架线长度、导地线型号及重量、交叉跨越工程量是否准确。

（15）架线工程定额选择与架线方式是否一致。

（16）绝缘子金具、防振锤、间隔棒、跳线串定额选择与电压等级、导线分裂数等是否一致。

（17）调试费用计算是否准确。

（18）余土外运、植草皮、播草籽等工程量是否准确，价格是否合理。

（19）材料运输方式选择及运距计算是否合理。

（20）审查其他费用计列的准确性，包括以下内容：

1）建设场地征用及清理费、工程监理费、项目前期工作勘察设计费、设计文件评审费、研究试验费等已经签订合同的费用，应按照合同计列。未签订合同的计列是否合规、合理。

2）变电工程大件运输费用是否按照施工运输方案计列。

3）线路辅助设施工程防坠落装置、防鸟设施、在线监测装置等计列依据是否正确，费用是否合理。

4）电力线改迁、通信抗干扰措施是否与施工图纸一致。

5）其他费用的计算基数是否正确。

6）审查与施工组织有关的设计方案，确定停电过渡措施、租地、重要跨越措施费等费用计列依据是否正确，费用是否合理。

7）基本预备费、建设期贷款利息是否准确。

三、相关流程图

全过程造价咨询相关的施工图预算审查流程图如图3-4所示。

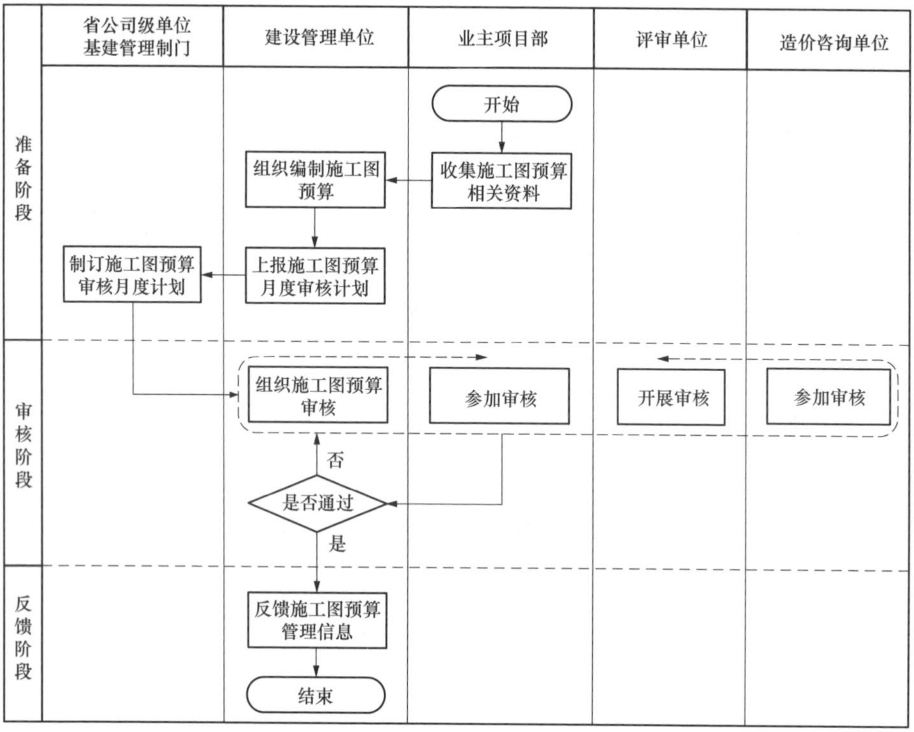

图3–4　全过程造价咨询相关的施工图预算审查流程图

第三节

工程量清单及招标控制价审核

一、工作内容

设计单位在施工招标前完成招标工程量清单和最高投标限价的编制，建设管理单位组织召开招标工程量清单和最高投标限价审核会，造价咨询单位参与审核并形成工程量清单和最高投标限价审核意见，供设计单位参考修改，示例如图3–5所示。

×××输变电工程工程量清单、招标控制价审核意见

××××公司：

受××××公司委托，我公司组织专业人员于××年××月××日，对×××输变电工程施工招标工程量清单及招标控制价进行了审核，审核意见如下：

一、审核依据

（1）现行《电网工程建设预算编制与计算规定》《电力工程建设概预算定额》及配套规定。

（2）国家电网公司现行《输变电工程工程量清单计价规范》及《输电线路工程工程量计算规范》。

（3）《国网基建部关于印发输变电工程概算预算结算计价依据差异条款统一意见（2019年版）的通知》《国网基建部关于进一步加强输变电工程造价精准管控的意见》（基建技经〔2019〕61号）、《国家电网公司关于进一步加强输变电工程设计施工监理招标管理工作的通知》（国家电网物资〔2014〕1115号）。

（4）省公司现行输变电工程施工招标文件及施工合同。

（5）上级及有关单位发布的各项价格调整文件、工程所在地政府发布的信息价等。

（6）工程的批准概算或施工图预算。

二、审核原则

招标控制价编制所依据的定额版本应与批准概算所使用的定额版本保持一致。

招标工程量清单编制的工程名称及项目个数应与批准概算相对应；对于由两个以上工程合并招标的，应分开编制工程量清单及招标控制价，各单个工程的招标控制价汇总为该项目的招标控制价。

工程量清单包含的项目范围应根据建设单位要求，包括施工合同中明确约定的应属于施工承包范围内的所有工作。

地方性材料市场价格按招标控制价编制期工程所在地造价管理部门发布的信息价（考虑超运距）计列；定额人材机调整系数按上级部门发布的最新调整文件执行。

招标控制价不得超过批准概算或施工图预算；招标控制价编制人应在审核时提供控制价与同口径概/预算对比表，招标控制价超出同口径概/预算 ±5%的，应分析说明原因。

三、主要审核意见

总体部分（如）：

（1）建议变电工程清单编制说明中增加混凝土拌合要求内容。

（2）建议线路工程清单编制说明中应注明地形、地质比例划分，汽车及人力运距等技经参数。

（3）建议线路工程清单编制说明中增加“基础土石方工程中不包含余土外运、泥浆外运等工作内容”。

×××变电站新建工程（如）：

建议按设计图纸计列保护网安装工程量；

……

×××线路工程（如）：

……

招标代理服务费按招标文件规定计列后列入施工招标控制价。

图3–5　工程量清单与招标控制价审核意见示例

二、工程量清单审核要点

依据国家电网有限公司《输变电工程工程量清单计价规范》（Q/GDW 11337—2014）、《变电工程工程量计算规范》（Q/GDW 11338—2014）、《输电线路工程工程量计算规范》（Q/GDW 11339—2014），对招标文件及工程量清单进行审核。

（1）总说明应包括工程概况、招标范围、清单编制依据、工程质量、材料、施工等特殊要求。招标人自行实施的名称、规格型号、数量、暂列金额。

（2）招标工程量清单应准确、完整，避免出现缺项、漏项；清单特征描述应准确全面，并与设计图纸一致。对清单计价规则与定额计量的差异部分应进行重点描述，如土方的开挖量、混凝土的超灌量等。

（3）分部分项工程量清单应载明项目编码、项目名称、项目特征、计量单位、工程量，项目编码应唯一，禁止重复。

（4）材料设备应划分准确，严禁重复计列、漏计列。

（5）措施项目清单应根据输变电工程量清单计价规范标准、拟建工程的实际情况列项。若出现未计列的项目，可根据实际情况补充。措施项目分为两类：一类是以“项”计列的“总价项目”，如安全文明施工费、临时设施费、夜间施工增加费等，按“项”计列的措施项目清单取费费率应准确，不可竞争性费用应进行标注；另一类是以“量”计价的“单价项目”，如施工降水、施工道路等，采用分部分项工程量清单的方式编制。

（6）其他项目清单宜按照下列内容列项：暂列金额、暂估价、计日工、施工总承包服务费、拆除工程费、招标人供应材料、设备卸车及保管费、施工企业配合调试费、建设场地征用及清理费。其中，暂列金额应根据工程特点按有关计价规定估算；暂估价中，材料、工程设备暂估单价，应根据工程造价信息或参照市场价格估算，列出明细表，专业工程暂估价应分不同专业，按有关计价规定估算，列出明细表；计日工应列出项目名称、计量单位和暂定数量；施工总承包服务费应列出服务项目及其内容等；拆除工程费的清单按有关计价规定，列出明细表。

（7）规费项目清单应按照下列内容列项：社会保险费、住房公积金、危险作业意外伤害保险。

（8）税金按照税前工程造价的增值税计算，税前工程造价为人工费、材料费、施工机具使用费、企业管理费、利润和规费之和，增值税税率依据国家颁布的同时期相关税率调整文件执行。

（9）招标人采购材料（设备）表应根据拟建工程的具体情况，详细列出采购材料（设备）名称、型号规格、计量单位、数量、单价、交货地点及方式等内容。

三、招标控制价审核要点

（1）施工招标最高投标限价应在工程量清单总价基础上，适当下浮作为最高投标限价。

（2）最高投标限价应控制在审定的同口径施工图预算范围以内。

（3）分部分项工程量清单计价表中的项目编码、项目名称、项目特征、计量单位、工量等应与招标工程量清单保持一致。

（4）分部分项工程和措施项目中的单价项目应根据拟定的招标文件和招标工程量清单项目特征描述及有关要求，按照清单计价规范规定确定综合单价。

（5）综合单价中应包括招标文件中划分的应由投标人承担的风险范围及其费用。

（6）招标文件提供了暂估单价的材料和招标人采购的材料，应按提供的单价计入综合单价。

（7）管理费、利润参照《电网工程建设预算编制与计算规定》计算。

（8）措施项目费中的安全文明施工费和临时设施费应按照行业主管部门规定的费率计算，不应作为竞争性费用。

（9）措施项目应按招标文件中提供的措施项目清单确定，措施项目分为以“量”计算和以“项”计算两种。对于以“量”计算的措施项目，按其工程量采用与分部分项工程量清单单价相同的方式确定综合单价。对于以“项”计算的措施费用，采用费率法按有关规定综合确定，采用费率法时需确定各项费用的计费基数及其费率。

（10）暂列金额根据工程特点、工期，按有关计价规定进行估算确定。

（11）暂估价中的材料单价应按招标工程量清单中列出的单价计入综合单价，暂估的工程设备单价应按招标工程量清单中列出的单价计列。暂估价中的专业工程金额应按工程量清单中列出的金额填写。

（12）计日工应按招标工程量清单中列出的项目，根据工程特点和有关计价依据确定综合价计算。

（13）施工总承包服务费应根据招标工程量清单列出的内容要求估算。

（14）拆除工程费应根据招标工程量清单中列出的内容按规定计列。

（15）招标人供应材料、设备的卸车及保管费应按行业、公司规定计算。

（16）建设场地征用及清理费应根据招标文件列出的内容和要求计列。

（17）规费和税金应按国家或省级、行业建设主管部门的规定计算，不应作为竞争性费用。

四、相关流程图

全过程造价咨询相关的工程量清单、招标控制价流程图如图3-6所示。

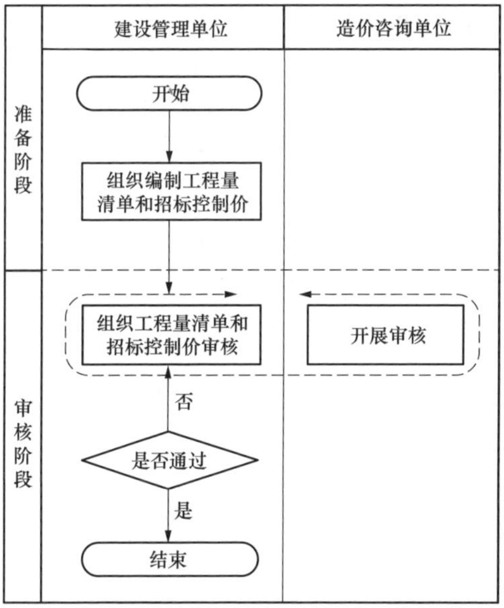

图3-6　全过程造价咨询相关的工程量清单、招标控制价流程图

第四节 隐蔽工程及工程量确认

全过程造价咨询单位应参与隐蔽工程及工程量的确认工作并建立跟踪台账，提高工程施工阶段的造价管控力度，减少结算阶段的不必要分歧。

在图纸会检时，施工单位应全面梳理中标报价文件，对于图纸无法明确工程量且影响到工程价款结算的隐蔽工程项目，需提前告知建设管理单位，与监理单位沟通需要勘踏、旁站、测量的内容及时间。监理单位组织施工单位、（勘察）设计单位、全过程造价咨询单位、建设管理单位五方人员共同前往施工地点进行见证及工程量确认。隐蔽工程的工程量经五方共同确认后方可计入工程结算，对于关键点施工阶段未能及时组织工程量确认的，不予结算。现场工程量五方确认单见表3–1。

表3–1　　现场工程量五方确认单

工程名称： 事由及原因： 工程量计量： 涉及金额： 附件：	编号： 施工项目部（章） 项目经理： 日　期：
监理单位监理项目部审查意见：	 监理项目部（章） 总　监： 日　期：
设计单位审查意见（如需）：	 设计单位（章） 工地代表： 日　期：
全过程造价咨询单位审查意见：	 造价咨询项目部（章） 造价驻点人员： 日　期：
建设管理单位业主项目部审批意见：	 业主项目部（章） 项目经理： 日　期：

注　一式五份，施工单位、监理单位、设计单位、造价咨询单位、建设管理单位各留存一份。

隐蔽工程量确认过程中，施工单位须留存现场照片、视频等影像支撑资料，随工程量确认单一同提交至监理单位、设计单位及全过程造价咨询单位，以便作为结算依据。主要隐蔽工程/措施项目跟踪台账见表3–2。

表3–2　　重要隐蔽工程/措施项目跟踪台账

工程名称：

序号	工程部位	施工时间	工程量	隐蔽工程/措施项目 验收记录编号	备注

需进行工程量确认的隐蔽工程包括但不限于：

（1）变电站地基验槽。地基验槽采用国家电网有限公司通用地基验槽格式，五方共同确认场坪标高，全过程造价咨询单位加附《造价咨询审核意见单》记录参与过程。

（2）变电站砂石/毛石/灰土换填。采取砂石回填方案需提前向设计单位及建设管理单位进行汇报确认，同意后方可回填砂石。实际施工过程中回填的工程量需经监理单位、全过程造价咨询单位、建设管理单位共同确认，工程量确认单中需明确实际施工的工作面、放坡系数、回填位置、回填高度，并在确认单中画示意图以示意。

（3）线路河塘措施（如需）。河塘措施处数确认仅针对投标文件中有投标单价，并且按处数计量的情况。如招标文件中未开列河塘措施费项目且无投标单价，应另行办理设计变更或签证审批手续。

（4）线路泥浆外运（如需）。泥浆外运处数确认仅针对投标文件中有投标单价，并且按处数计量的情况。如招标文件中未开列泥浆外运项目且无投标单价，应另行办理设计变更或签证审批手续。

（5）线路开挖地质（如需）。如实际情况与地勘明显不符，需在开挖过程中会同勘察设计单位、监理单位、全过程造价咨询单位、建设管理单位共同确认，明确实际开挖土质类别，并对各类土质作分层确认，作为后期勘察设计单位的变更依据及施工单位的结算依据。

（6）线路交叉跨越机耕路（如需）。施工过程中遇到有人车同行的土路（机耕路），架线需采取防护措施的，需在施工过程中会同勘察设计单位、监理单位、全过程造价咨询单位、建设管理单位共同确认。仅针对投标文件中有投标单价，且按处数计量的情况。

（7）其他签证需要确认的工程量。

第五节 工程进度款及农民工工资支付审查

一、工作内容

工程款支付应严格执行合同约定，做到资料完整、数据准确、流程合规。施工单位应根据工程实际进度按时申请进度款，向监理单位提交符合要求的工程形象进度表、完成投资额统计表、人工费计算书、工程进度款报审表及价款结算单。监理单位应认真审核进度款支付资料的真实性、准确性和规范性，提出建设管理单位应支付给施工单位的金额，提交相应的支撑性材料，并签署审核意见。造价咨询单位对进度款支付资料进行审查，并将审核意见单（见表3-3）提交业主项目部，业主项目部审核进度款支付资料后，办理支付手续。

造价咨询单位提供审查参考建议，监理单位和业主项目部仍应严格履行进度款审核职责。造价咨询单位应制作进度款支付登记台账（见表3-4），记录工程进度款、进度款中安全文明施工费和付至施工单位农民工工资专用账户的人工费情况。

表3-3　　预付款/进度款审核意见单

项目名称		编号	
审查事项			
审查人（签字）		审查时间	
审核单位（盖章）			
审核依据：			
审查结果：			

表3-4　　进度款付款登记台账　　（万元）

工程名称				施工单位			
签约合同价款				农民工工资专用账户			
序号	本期支付金额	其中：扣除的预付款	其中：安全文明施工费	其中：付至农民工工资专用账户金额	税率	已累计支付价款	备注

二、审查要点

（1）审查工程进度款的支付节点与比例是否符合施工合同约定，进度款报审资料是否完整，数据是否准确，其中安全文明施工费需单独申请拨付，人工费单独申请拨付至施工单位农民工工资专用账户。

（2）审查报审的分部分项工程量是否根据实际完成进度按图纸量进行计算，是否已经监理项目部验收合格，对于漏算、少算的工程量需根据合同约定进行调整和支付。

（3）审查是否按施工合同扣除质量保证金、预付款等费用，措施项目费是否根据合同约定直接按进度分摊支付或根据本期实际完成产值占总产值的比例支付。

三、相关流程图

全过程造价咨询相关的进度款审核流程如图3–7所示。

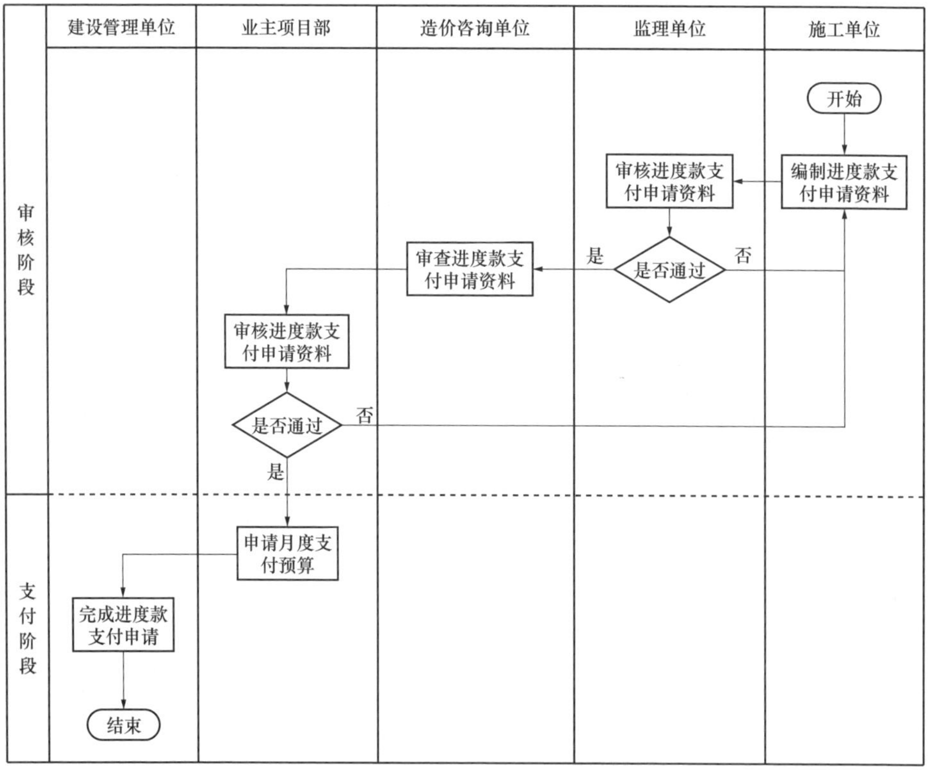

图3–7　全过程造价咨询相关的进度款审核流程图

第六节 设计变更及现场签证审查

一、工作内容

设计变更与现场签证应严格执行公司输变电工程管理办法，规范管理流程，切实履行逐级审批程序。设计单位负责设计变更文件的提出与编制。其中设计原因引起的变更由设计单位直接出具设计变更审批单；非设计原因引起的设计变更由提出单位出具设计变更联系单，交设计单位出具设计变更审批单。施工单位负责现场签证文件的提出，并出具现场签证审批单。设计、施工单位上报的设计变更与现场签证应明确原因、内容、工程量及费用变化等要素，并提供完整的支撑性资料，费用计算应严格执行施工图预算编制原则或合同确定原则，严禁虚假申报。

设计变更与现场签证应由设计单位/施工单位、监理单位、业主项目部、建设管理单位依次签署确认。监理项目部应组织变更签证旁站实测和验收工作，核实变更签证内容，核算变更签证的量与价，签署明确、翔实、准确的专业意见，并及时做好变更签证汇总。造价咨询单位审查设计变更与现场签证的工程量和相关费用，以及办理手续的规范性，并出具审查意见（样式见表3-5），提交业主项目部作为审核参考。业主项目部应核查变更签证的真实性、合理性、规范性，确保依据充分、资料齐全，避免拆分变更签证、虚假变更签证等不合规现象。造价咨询单位应建立设计变更和现场签证汇总表（样式见表3-6），在工程竣工后移交建设管理单位。

设计变更（签证）发生后，建设管理单位应组织各单位及时完成审批流程，经批准后由监理单位下发现场执行。设计变更与现场签证未按规定履行审批手续，其增加的费用不得纳入工程结算。

表3–5　　设计变更/现场签证审核意见单

<table>
<tr><td>项目名称</td><td></td><td>编号</td><td></td></tr>
<tr><td>签证/变更/委托单名称</td><td colspan="3"></td></tr>
<tr><td>审查人（签字）</td><td></td><td>审查时间</td><td></td></tr>
<tr><td>审核单位（盖章）</td><td colspan="3"></td></tr>
<tr><td colspan="4">审核依据：</td></tr>
<tr><td colspan="4">审查结果：
详细审核意见可另附页。</td></tr>
</table>

表3–6　　设计变更/现场签证汇总表

<table>
<tr><td>序号</td><td>设计变更编号</td><td>变更时间</td><td>主要内容</td><td>送审金额（万元）</td><td>审批手续合规性</td><td>审核金额（万元）</td></tr>
<tr><td>1</td><td></td><td></td><td></td><td></td><td></td><td></td></tr>
<tr><td>2</td><td></td><td></td><td></td><td></td><td></td><td></td></tr>
<tr><td>3</td><td></td><td></td><td></td><td></td><td></td><td></td></tr>
<tr><td>4</td><td></td><td></td><td></td><td></td><td></td><td></td></tr>
<tr><td>5</td><td></td><td></td><td></td><td></td><td></td><td></td></tr>
<tr><td colspan="4">设计单位：</td><td colspan="3">施工单位：</td></tr>
<tr><td colspan="3">监理单位：</td><td colspan="3">咨询单位：</td><td>建设管理单位：</td></tr>
</table>

二、审查重点

工程的设计变更、现场签证的审核应严格执行《输变电工程设计变更与现场签证管理办法》及其他相关管理规定。

1. 审查变更或签证支撑材料的完整性

设计变更文件应准确说明工程名称、变更的卷册号及图号、变更原因、变更提出方、变更内容、变更工程量及费用变化金额，并附变更图纸和变更费用计算书等。现场签证应详细说明工程名称、签证事项内容，并附相关施工措施方案、纪要或协议、支付凭证、照片、示意图、工程量及签证费用计算书等支撑性材料。

设计变更与现场签证应由监理单位、设计单位、施工单位、业主项目部、建设管理单位依次签署确认。如果发生紧急情况，监理单位认为将造成人员伤亡或危及项目法人权益时，监理单位可直接发布处理指令，由此引起的设计变更与现场签证应按规定补办签署意见。

2. 审查工程量计算的准确性

造价咨询单位根据支撑材料及现场实测情况核查变更或签证的工程量。

3. 审查变更或签证费用估价的准确性

（1）已标价工程量清单中有适用于变更工作的子目的，采用该子目的单价。

（2）已标价工程量清单中无适用于变更工作但有类似子目的，可在合理范围内参照类似子目的单价，监理人员按相关条款商定或确定变更工作的单价。

（3）已标价工程量清单中无适用或类似子目的，监理人员可按照成本加利润的原则，按相关条款商定或确定变更工作的单价。

（4）设计变更费用应根据变更内容对应预算的计价原则编制。

（5）现场签证费用应按合同确定的原则编制，签证工程量应为实际发生工程量。

（6）对于合同约定可调整的建设场地征用及清理类现场签证，承包人需及时提供赔偿协议、原始票证、赔偿明细清单等支撑性材料作为现场签证的依据，按实结算费用，建设场地征用及清理赔偿费用不得采用现金支付方式。

三、相关流程图

全过程造价咨询相关的现场签证、设计变更审核流程图分别如图3-8、图3-9所示。

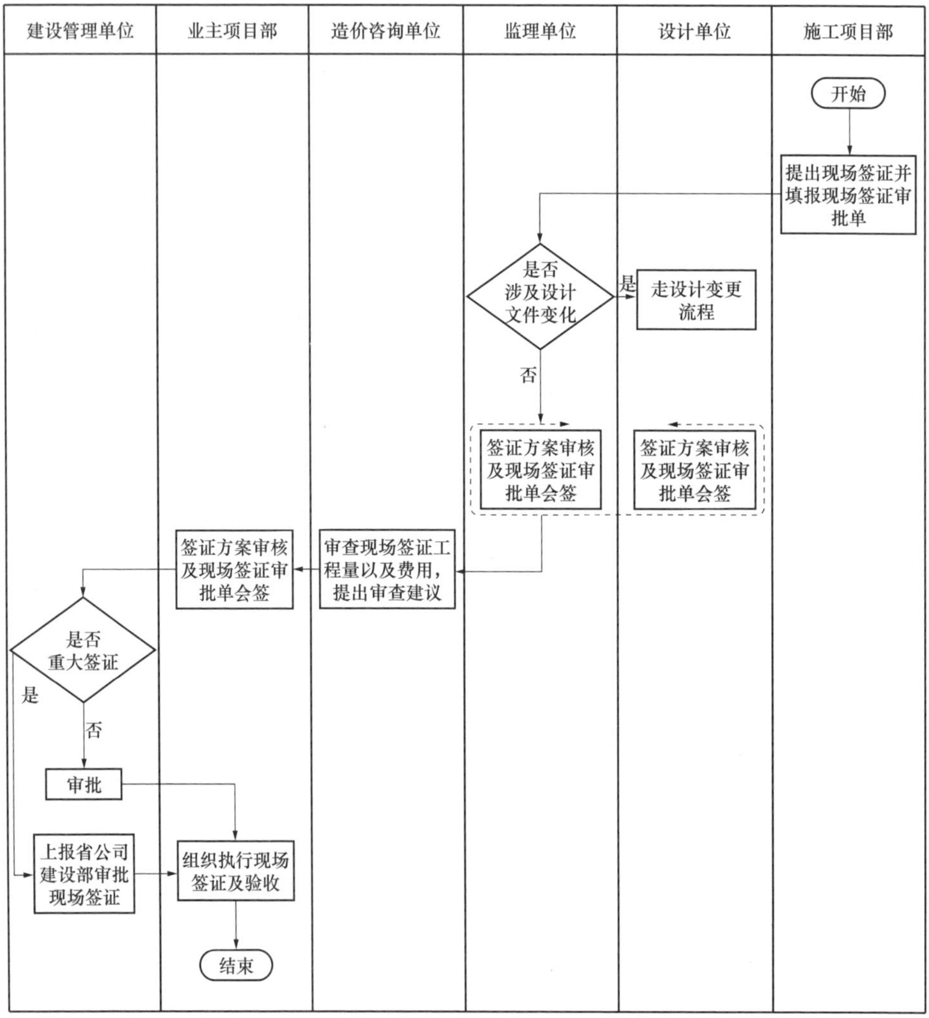

图3-8　全过程造价咨询相关的现场签证审核流程图

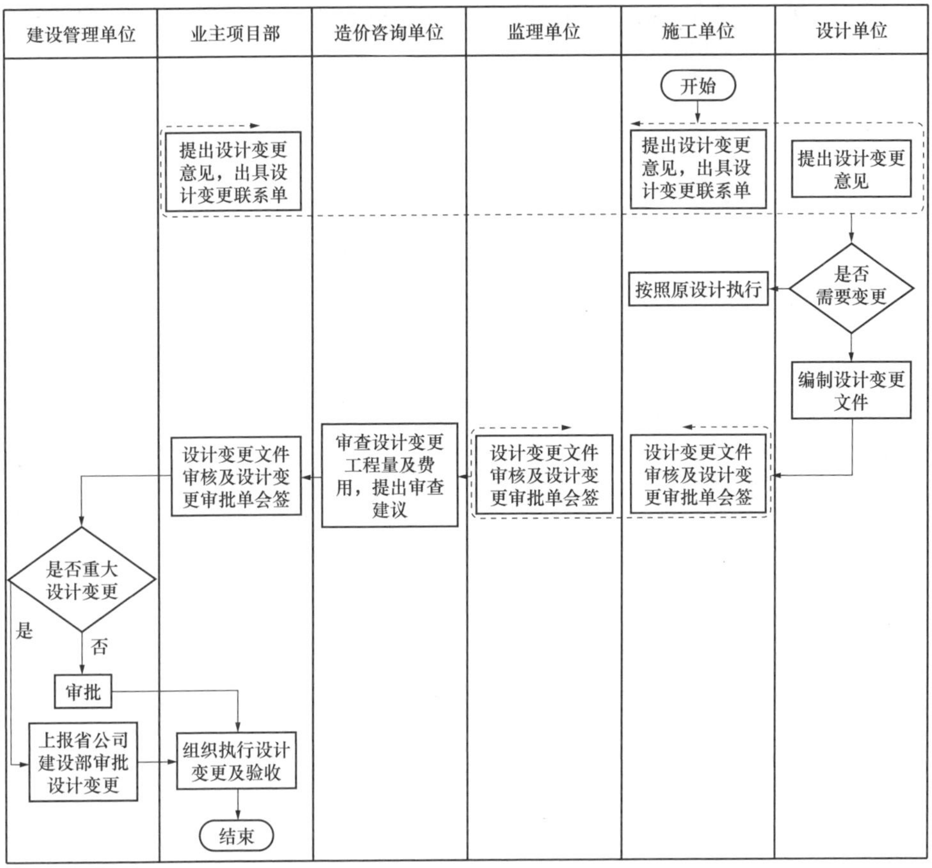

图3–9　全过程造价咨询相关的设计变更审核流程图

第七节
暂估价及新增乙供材料核价

一、工作内容

施工单位将投标报价书中暂估价材料及施工过程中发生设计变更或签证的新增组价材料经询价后，上报监理单位及造价咨询单位审核。监理单位认真调研市场行情，合理审核材料价格，并上报业主项目部复核。造价咨询单位单独开展审核及询价工作，并将询价结果汇报建设管理单位。

业主项目部组织乙供材料价格审核会，各参建单位及造价咨询单位参会。审核会签后的乙供材料价格（见表3–7）需与工程结算书一同上报审计单位进行最终结算价格审计，经审计单位审定的价格作为暂估价材料和新增乙供材料最终的结算价格。

表3–7　乙供材料价格审核会签表

序号	物资名称	规格型号	品牌	购买地	供应商	计量单位	数量	上报单价（除税价）	报价模式	审核单价（限价）	结算核定价格需提供依据

填表说明：

物资名称要与施工图列明名称一致；

规格型号与施工图列明规格型号一致，施工图为注明的，参照标准工艺要求；

购买地：标明乙供材料购买地，应注明县一级行政区域；

供应商：标明乙供材料供应商，原厂采购的注明原厂单位名称，自中间供应商处采购的注明供应商和生产厂家；

计量单位：标明乙供材料价格核查的计量单位；

数量：标明乙供材料价格核查的计量数量；

上报单价：标明乙供材料在对应计量数量与计量单位下的价格，并注明是否为含税价；

报价模式：标明乙供材料报价为材料价格，还是包含人工、机械等的综合单价；

审核单价（限价）：依据乙供材料规格型号及厂家情况，根据市场价、信息价给定该乙供材料采购的限价，原则上审定的限价不允许突破；

结算核定价格需提供依据：提前商定后续结算中核实最终价格时需提供的支撑依据，便于施工单位在采购中予以收集整理。

会签栏	
施工单位：	设计单位：
监理单位：	造价咨询单位：
建设管理单位：	
时间：	地点：

二、核价要点

（1）应合理开展核价审查，对于信息价明确适当、市场价格稳定、无充分核价理由的材料可不进行核价，在结算时统一进行审核。

（2）应严格审核采购发票、合同、协议等核价支撑资料的真实性、合规性，避免出现弄虚作假、多报高估现象。

（3）应采用多途径进行核价比对，确保核定价格在合理范围内。

（4）在收集供应商报价时，应对供应商的资质、信用状况、市场口碑、价格质量做充分调研，开展询价时至少对同类产品的三家供应商进行询价。

第八节 分部结算审查

一、工作内容

电网工程可在以下节点或开工后根据工程特点制订具体分部结算计划：新建变电站工程的“四通一平”、地基处理、其他与站址相关单项工程、主辅生产建筑、电气安装、电气调试等节点；架空线路工程的基础工程、杆塔工程、架线及附件工程等节点。

施工单位应根据工程实际进度，按照分部结算计划完成分部结算资料的编制，由监理项目部进行审查后提交业主项目部。分部结算资料包括分部工程量计算书、工程费用明细、新组单价依据性资料、设计变更、现场签证及其他支撑性资料。分部结算时严禁采用未经批准或会签的文件、纪要、通知，严禁采用与现场实际不符的资料，避免后期结算纷争。

建设管理单位组织设计、监理、施工单位和造价咨询单位共同对报送的分部结算资料进行会审，对结算依据的合法性、合规性、准确性、专业性进行逐一审查。造价咨询单位核对工程量和结算单价、变更签证的准确性，计算分部结算价格，出具分部结算报告。分部结算审价报告是竣工结算审查（初审）的有机组成部分，样式如图3–10所示，分部结算审价单见表3–8。

××输变电工程第×分部结算审核报告

××××公司：

根据咨询合同约定和建设管理工作要求，我司对××输变电工程第×分部结算及相关资料进行了审核。该工程结算资料的真实性完整性由编制单位负责，我方的责任是发表审核意见。本次审价依据国家法律法规及国家电网有限公司相关规定、《建设项目工程结算编审规程》（中价协〔2010〕023号）、《建设工程造价咨询规范》（GB/T 51095—2015）等法规进行。在审价过程中本着“客观、公正、公平、合理”的原则，结合该工程的实际情况，实施了包括资料检查、现场核实等我方认为必要的审价程序，现将审核情况报告如下：

一、工程基本情况

（一）项目概况

1.工程名称：××工程　　2.工程地点：××市

3.工程规模：××××

（二）参建单位

建设管理单位：国网××　　施工单位：××××

设计单位：××××　　监理单位：××××

二、审核范围

××工程第×分部结算

三、审核依据

（一）国家和地方相关法律、法规等

（二）国家电网有限公司基建工程管理有关规定

（三）国家电网有限公司有关工程建设和结算管理的规定和制度

（四）初设批复文件及批准概算

（五）中标通知书、工程合同、补充协议、招投标文件

（六）施工图纸、图纸会审纪要、工程变更单等

（七）工程结算书

图3–10　分部结算审核报告示例（一）

（八）《电网工程建设预算编制与计算规定（2018版）》、配套定额及费用调整文件、国家电网有限公司《输变电工程工程量清单计价规范》（Q/GDW 11337—2014）及《输电线路工程工程量计算规范》（Q/GDW 11339—2014）

（九）××地市建设工程造价信息

（十）其他相关依据

四、审核内容

（1）结算内容是否与实际工程相符；

（2）工程量计算所采用的计算规则及计算所得的工程量是否准确；

（3）新组单价是否符合合同约定及行业有关规定等；

（4）设计变更和现场签证以及其他洽商内容的真实性、合理性是否符合规定和约定的手续；

（5）施工情况与合同签证、监理签证等是否相符；

（6）其他与工程造价有关的内容。

五、审核结果

该项目总合同金额××万元，第×分部工程报审金额为××万元，审定金额为××万元，核减××万元。

主要核减情况如下：

六、调整情况说明

（一）分部分项工程量清单项目

分部分项工程量清单项目共核减××万元。主要核减项：杆塔挖方及回填送审工程量计算错误及新增综合单价下浮，核减××万元；现浇基础项目特征发生变化重新组价，核减××万元；挖孔基础新增综合单价下浮，核减××万元；灌注桩成孔和灌注桩浇制新增综合单价下浮，核减××万元。

……

（二）措施项目

"措施项目（一）"送审金额为××万元，审定金额××万元，此项费用核减××万元。主要原因为……

……

（三）其他项目

送审金额为××万元，审定金额××万元，此项费用核减××万元。

其中施工企业配合调试费：送审金额为××万元，审定金额××万元，此项费用核减××万元。主要原因为……

其中人材机调差：送审金额为××万元，审定金额为××万元，此项费用核减××万元。

图3–10 分部结算审核报告示例（二）

……

（四）规费

送审金额为××万元，审定金额××万元，此项费用核减××万元。主要原因为……

（五）税金

送审金额为××万元，审定金额××万元，此项费用核减××万元。主要原因为……

七、特殊情况说明

1. 差异比较大的部分造价分析

2. 超合同价分析

3. ……

图3–10　分部结算审核报告示例（三）

表3–8　　分部结算审价单示例

<table>
<tr><td colspan="2">建设单位</td><td colspan="3"></td><td>咨询类型</td><td colspan="2">分部/竣工结算审核</td></tr>
<tr><td colspan="2">施工单位</td><td colspan="3"></td><td>专业</td><td colspan="2"></td></tr>
<tr><td colspan="2">工程名称</td><td colspan="6"></td></tr>
<tr><td>序号</td><td>单位工程名称</td><td>合同价（元）</td><td>送审价（元）</td><td>审定价（元）</td><td>核增额（元）</td><td>核减额（元）</td><td>核增、核减率（%）</td></tr>
<tr><td>1</td><td></td><td></td><td></td><td></td><td></td><td></td><td></td></tr>
<tr><td>2</td><td></td><td></td><td></td><td></td><td></td><td></td><td></td></tr>
<tr><td>3</td><td></td><td></td><td></td><td></td><td></td><td></td><td></td></tr>
<tr><td colspan="2">合计</td><td></td><td></td><td></td><td></td><td></td><td></td></tr>
<tr><td colspan="2">审定总价金额大写</td><td colspan="6"></td></tr>
<tr><td colspan="2">备注</td><td colspan="6"></td></tr>
<tr><td colspan="4">施工单位（章）：
代表人：
年　月　日</td><td colspan="4">咨询企业（章）：
项目负责人（签字盖章）：
签发人：
年　月　日</td></tr>
</table>

二、审查要点

1. 严控分部结算量、价确认

分部结算应以施工图为依据，对现场实际发生工程量进行准确计量，按照招投标文件及合同约定的工程价款调整原则进行组价，确保工程现场量、价管控到位，坚决防止高估冒算，做到“量准价实”。

2. 加强隐蔽工程重点管控

分部结算需重点加强隐蔽工程量的及时确认，对于土石方、地基处理等隐蔽工程，分部结算时要通过图纸、地勘报告、地基验槽记录、自然地面测量标高方格网、开挖后的地面测量标高方格网、打桩记录、验孔记录、机械进出场记录、监理日志、施工日志等依据性资料相互校核。

3. 深化施工图预算管理应用

分部结算应以施工图预算为造价控制依据，工程量应与施工图预算量进行比对校核，对重大偏差的工程量进行原因分析，加强施工图编制深度管理，提升设计质量。

4. 及时进行变更与签证结算

设计变更、现场签证应在对应分部结算启动之前，按照《国家电网有限公司输变电工程设计变更与现场签证管理办法》完成审批，否则，不纳入分部结算。由于特殊原因（如线路改线）无法完成的，应由业主项目部出具证明，将该设计变更或现场签证调整至下阶段分部结算。

5. 合理处理未完工程量

分部结算应重点关注交叉施工中交接面工程量的确认，由于交叉施工导致的未完成工作量可延至下一阶段进行结算，并在结算资料中进行说明提示，避免下一阶段分部结算漏项或重复计列，严禁工程量未完先结。

三、相关流程图

全过程造价咨询相关的分部结算审查流程图如图3-11所示。

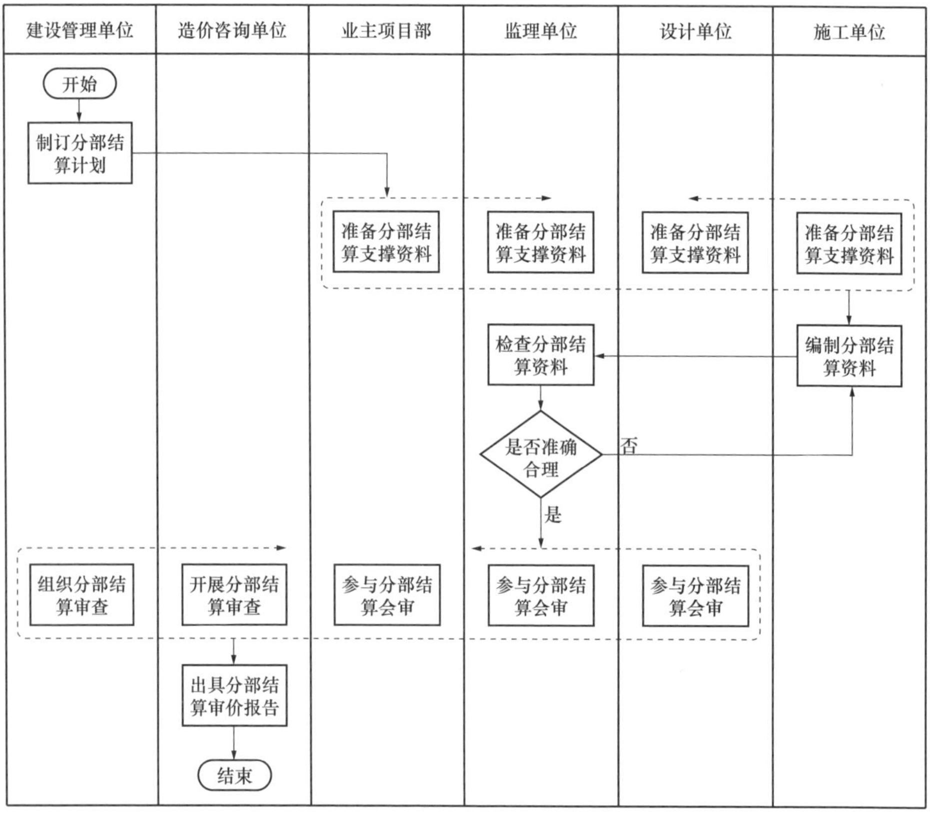

图3-11　全过程造价咨询相关的分部结算审查流程图

第九节 建设场地征用与清理费用汇总

500kV输变电工程的建设场地征用与清理费用原则上由属地单位负责组织结算审核，特殊情况下可委托该工程造价咨询单位开展审核。建设场地征用与清理费用由属地单位使用，定期将相关资料发送造价咨询单位进行核对，并登记费用台账，在工程竣工后按照实际使用金额编制全口径竣工结算报告。

造价咨询单位核对时，应对资料完整性、真实性、合法合规性做初步检查、发现问题及时反馈属地公司，必要时上报省公司建设部，辅助建设场地征用与清理费用使用的风险防范。

第十节 竣工结算审查

一、工作内容

设计、监理和施工单位应在施工过程中强化结算准备意识，及时收集相关资料。工程竣工投产前，业主项目部应组织设计、监理和施工单位整理结算准备资料，包括施工合同或协议书，中标通知书，招标文件及投标文件，岩土工程勘察报告，施工组织设计，专项施工方案，隐蔽工程验收资料，开工报告及停工、复工报告，施工图纸，设计变更及现场签证，甲供设备材料结算资料，工程洽商和工程索赔资料。建设管理单位应整理批准概算、经审查的施工图预算、分部结算等资料，投产后还应准备竣工报告、竣工图纸。

工程竣工投产后10日内施工单位编制建筑、安装、调试等施工结算文件提交业主项目部，建设管理单位组织造价咨询单位进行结算审查。

结算审查应在竣工投产后25日内完成，由造价咨询单位出具竣工结算审核（内审）报告，与分部结算审核报告类似。审查完成后，造价咨询单位协助核对结算审计准备资料的完整性和合规性，工程竣工投产后30日内建设管理单位将资料提交省公司审计部，申请开展结算审计（外审）。

二、审查要点

工程结算审查应遵循合同约定，在合同未约定或约定不明时，应按国家现行标准及有关规定执行，原则上宜控制在批准概算总投资内。

工程结算所需的各种过程文件和成果资料，原则上应随工程形象进度及时、完整、规范提交，资料应为原件，其内容必须真实、准确，与工程实际相符。造价咨询单位在审查时应按照原件信息进行核算。

造价咨询单位结算审查的要点主要包括对合同履行情况审查、“工程量”审查及“价”的审查等。

1. 合同履行情况审查

（1）实际结算的工程范围应与合同中约定的承包范围一致。

（2）工程结算原则应与施工合同及补充协议中所确定的结算原则一致。

（3）通用条款中明确的合同签订基准日后出台的法律法规应予执行。

2. “工程量”的审查

（1）承包人应按照合同工程的施工图纸（含经发包人批准由承包人提供的图纸）实施。审查时应对照施工图纸现场核对、测量工程量，核实有无未实施项目或工程内容，对于隐蔽工程，应组织现场监理人员，结合竣工图纸、工程联系单情况、监理记录、施工记录和相关影像资料，认真研究竣工现场实际情况，并进行判断；工程量应按照规定的工程量计算规则计算，并应为已完成合同工程项目应予计量的工程量；施工图工程量应与招标工程量清单项目相对应，工程量偏差计算应准确。

（2）工程变更、现场签证流程及内容应符合《国家电网有限公司输变电工程设计变更与现场签证管理办法》文件规定。设计变更、现场签证手续应齐全，应按规定由监理单位、业主项目部、建设管理单位审批，工程设计变更审批单应有明确的、针对性的审核意见及相关人员签字、日期及单位盖章；核对施工现场和相关资料，审查工程是否已按工程变更要求实施，是否存在

"已签未做"的项目；工程变更、现场签证所涉及的工程量、综合单价、措施费用等价格调整，应符合合同及有关法律法规的规定。

（3）工程索赔费用应依据发承包双方确认的索赔事项和合同约定的计价方式进行结算，应深入调查，理清索赔事件的因果关系，分清承发包双方责任范围；审查工程索赔的合法性，工程索赔应符合招标文件、施工合同约定以及法律法规的规定；审查工程索赔的合理性，审查工程赔偿费用应首先确定索赔事件经济损失或需补偿金额必须已经发生，其次施工方不会因索赔事件而遭受损失，但也不得因索赔事件而获得额外收益；索赔程序应符合合同要求，应在合同约定的时间内提出索赔申请，索赔申请审批手续应齐全；工程索赔费用量、价审查应符合施工合同约定及其他相关规定，工程量计量应依据合同约定的工程量计算规则，价款计算应依据投标文件综合单价及其他项目清单计日工中人工、材料、机械单价等。

3. 清单综合单价的审查

在合同履行过程中，因非承包人原因引起的清单项目特征变化将对综合单价产生影响，清单综合单价是否调整应依据施工合同相应条款执行，如合同未作约定依据，按《输变电工程工程量清单计价规范》（Q/GDW 11337—2014）相应条款调整。

4. 建筑安装工程费的审查

（1）审查工程施工合同内容及结算资料的有效性、真实性。

（2）审查计价依据是否与建设期的工程进度相一致。

（3）审查签证记录的真实性、有效性、合规性。

（4）审查工程量的计算是否符合工程量计算规则，是否准确，有无漏计、少计、重计等计算错误。

（5）审查分项工程的定额套用是否准确，工程量录入及单价、总价计算是否准确，固定综合单价合同是否执行原投标综合单价。

（6）审查定额缺项子目是否按有关规定编制并报批。

（7）审查工程价格计价方式和价格调整是否符合有关规定要求。

（8）审查工程取费是否按合同约定及相关取费标准规定计取，计算是否正确。

（9）工程工期、质量如有特定要求，审查是否按合同约定计算。

5. 人、材、机价格调整审查

人工费、材料费及机械费调整应依据国家或省级、行业建设主管部门颁布的调整文件执行。可调整价格的人工、材料、机械及调整期限应符合合同约定，应根据合同判断材料、机械台班价格变化风险的归属；施工合同中未约定的，结算阶段应以建设地投标当月的信息价为基准价，以工程80%施工期内平均信息价为市场价，市场价变动超过施工合同约定的材料价格变化风险范围时，超过部分予以调整。

承包人代购甲供装置性材料、设备价格应提供相关发票或与供货商签订的供货合同，价格经建设单位确认后计入结算。

6. 措施项目费用的审查

新增或发生变更的措施项目，应以发承包双方合同约定的计价方式计算费用，施工合同中未约定结算方法时，可参考以下方法审查：安全文明施工费用应按国家或省级、行业建设主管部门的规定计算；与分部分项实体消耗相关的措施项目，应随该分部分项工程的实体工程量的变化，依据双方确定的工程量、合同约定的综合单价进行结算；独立性的措施项目应按合同价中相应的措施项目费用进行结算；与整个建设项目相关的综合取定的措施项目费用应参照投标报价的取费基数及费率进行结算。

7. 其他项目费用的审查

工程结算审核中涉及其他项目费用的调整时，按下列方法确定：计日工应依据发包人实际签证的数量、投标时的计日工单价，以及确认的事项进行结算；暂估价中的材料单价应按发承包双方最终核定的单价在分部分项工程费中对相应综合单价进行调整，计入相应分部分项工程费用；专业工程结算价应按中标价或发包人、承包人与分包人最终确定的分包工程价进行结算；总承包服务费应依据合同约定的结算方式进行结算，以总价形式固定的总承包服务费不予调整，以费率形式确定的总包服务费，应以专业分包工程中标价或发包人、承包人与分包人最终确定的分包工程价为基数和总承包单位的投标费率计算总承包服务费；其他项目中甲供设备材料卸车保管费、施工配合调试费等独立费用的调整应按照合同条款执行。

逐项审核其他合同及费用的真实性、合规性。

8. 编制竣工结算审核报告

在规定的编制时限内编制完成全口径结算审核报告并提交建设管理单位。

三、相关流程图

全过程造价咨询相关的竣工结算审查（内审）流程图如图3-12所示。

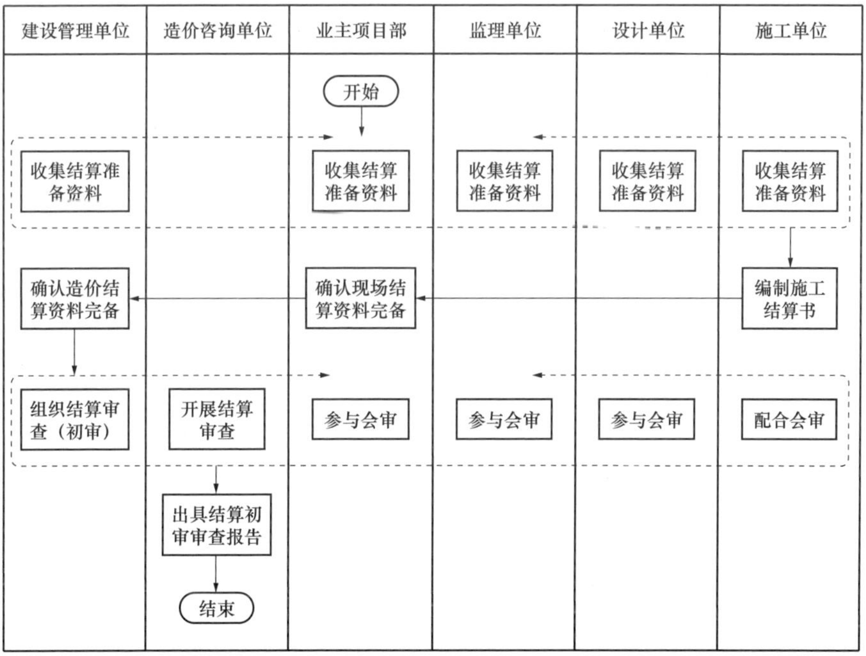

图3-12 全过程造价咨询相关的竣工结算审查（内审）流程图

第十一节 造价分析

一、工作内容

建设管理单位制订造价分析计划并组织造价咨询单位开展造价跟踪。在工程前期进行估算、概算、预算的分析对比，工程建设过程中加强对工程造价动态变化情况的关注，分部/竣工结算审计（外审）完成后，即开展已结算部分费用的“四算”对比。决算审计完成后，全面开展工程估算、预算、概算、结算、决算的深入对比剖析，对“五算”差异形成原因、具体工程的造价金额与平均造价的差别、造价变化趋势等开展详细分析，编制工程造价分析报告，工程造价分析报告模板如图3-14所示。建设管理单位应积极应用造价分析成果，积累造价控制经验，提升管理水平。

×××输变电工程造价分析报告

一、工程总体情况

介绍工程概况、工程特征、技术方案、地理位置及建设条件，以及总投资、造价水平情况等。

二、各阶段技术方案分析

1.“三通一标”应用情况分析

对应通用设备、通用设计开展分析，该工程新技术应用情况、设计方案合理性等。

2. 初步设计阶段分析

包括初步设计方案与可研差异情况分析，评审工作在设计优化、保障技术方案先进性过程中发挥的作用。

图3-13　工程造价分析报告模板（一）

3. 施工图设计阶段分析

施工图与初步设计审定技术方案及工程量偏差情况，现场签证情况，设计变更、涉及金额、变更原因等。

4. 施工建设管理

工期持续时间、是否按照里程碑进度实施，工期是否合理、是否按照工期定额实施，质量安全情况，是否按期结算等。

三、工程造价控制情况分析

工程决算与审定概算偏差分析、结算与合同对比分析等“五算”对比情况（要在附表中详细列出“五算”对比数据）。

客观原因：主要包括征地、树木砍伐、青苗补偿、拆迁补偿等费用、设备招标价格与概算价格等的变化情况。

技术原因：分析建设规模、技术方案、工程量等对造价的影响。变电工程包括主接线型式、配电装置、总平面布置、设备选型、二次系统设计、变电站建筑和地基处理及土开方量等。

线路工程包括杆塔型式、杆塔数量、路径（长度、曲折系数等）、基础开方量、防雷接地等。

四、总结

总结问题和经验。

五、其他

图3–13　工程造价分析报告模板（二）

二、工作要点

变电工程的造价由四项费用构成：建筑工程费、安装工程费、设备购置费和其他费用；线路工程的造价由两项费用构成：本体费用和其他费用。造价咨询单位应按照工程费用构成，从影响费用的量、价和技术因素、建设条件、管理情况等多个层次解析“五算”中各项费用产生差异的原因，要关注决算较概率结余、概算较仿算下降、单项超概、“三通一标”应用等情况。

变电工程与线路工程造价分析框架图如图3-14所示。

变电工程还应对比与同类工程造价的差异，与上一年度平均水平的差异。

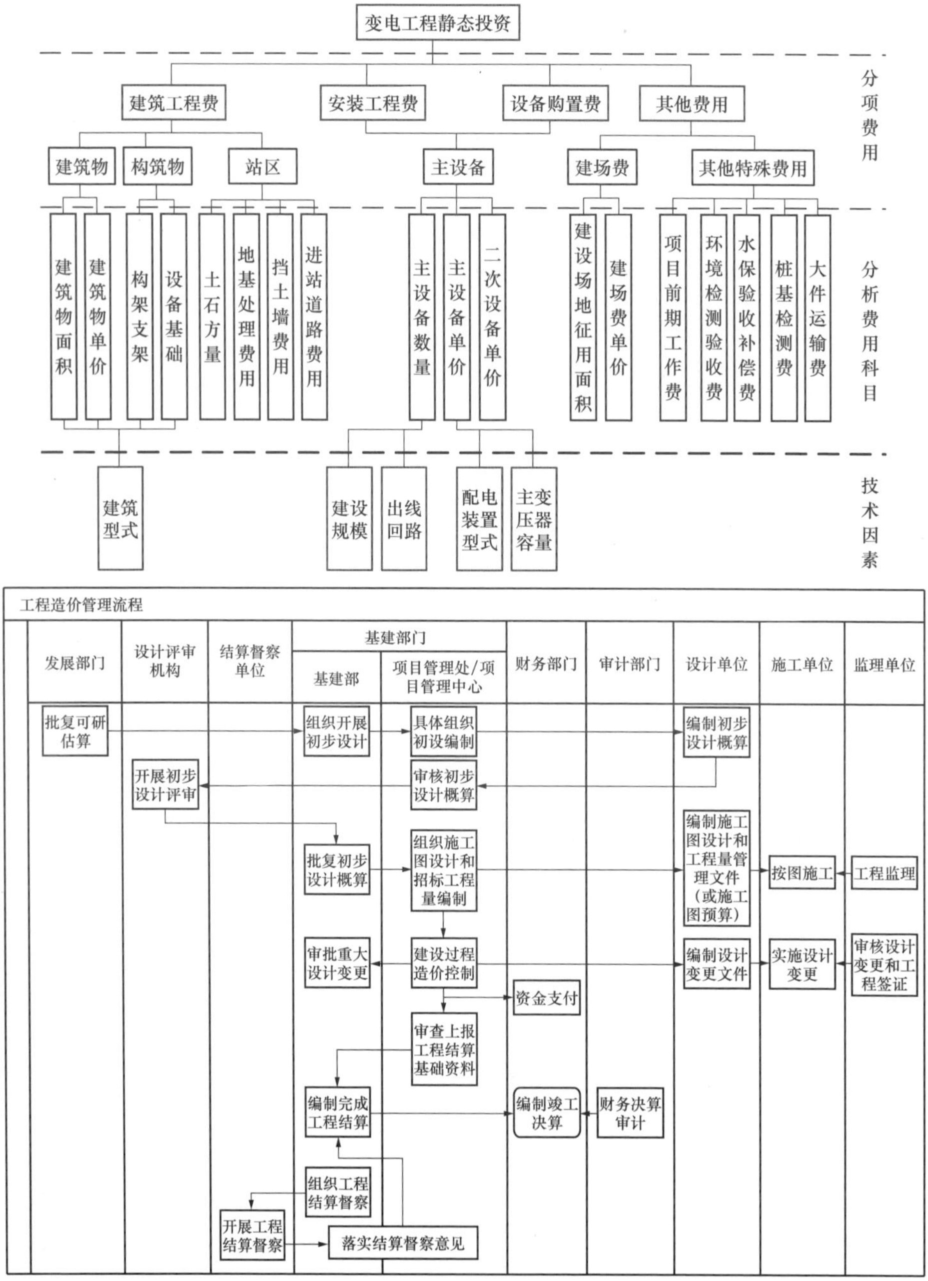

图3-14 变电工程与线路工程造价分析框架图

应结合具体工程特点开展分析，包括主变压器容量、变电站建筑型式、高压侧配电型式、本期出线回路数等，应统计实际工程主要设备的合同价格，与上一年度同类设备的平均价格水平进行对比，应从技术条件、主要工程量、设备材料价格、不可控费用等方面深入分析。

架空线路工程还应注意工程基本概况，包括线路的型式、路径长度、导线截面、地形分布情况、主要设计风速以及覆冰情况等；应计算实际工程单位容量长度造价、主要工程量的单位指标（土石方量、基础混凝土量等）、主要材料量和价的单位指标（塔材、线材等）、单位公里建场费和单位塔基征地补偿费用及单位公里线路走廊施工补偿费用，对比与其他工程的差异以及与上一年度平均水平的差异，针对差异分析原因。

造价分析应从内部管理、内部协调、外部建设环境以及其他方面客观揭示工程建设中存在的问题，总结管理方式、技术创新、标准化建设以及其他方面的良好做法，提炼管理经验。

三、相关流程

全过程造价咨询相关的造价分析流程图如图3–15所示。

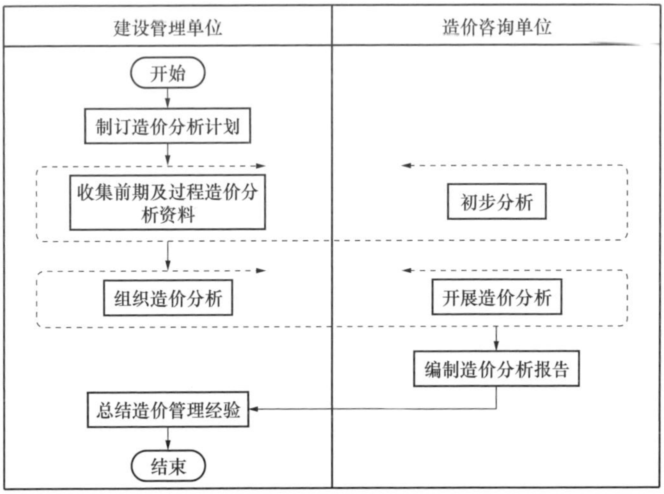

图3–15　全过程造价咨询相关的造价分析流程图

第四章

电网工程全过程造价咨询案例

2020年开工建设的三项500kV沿海输变电工程和长江大跨越工程是全过程造价咨询工作的首批试点工程，四项工程分别引进了资历深厚、经验丰富的工程咨询公司作为全过程造价咨询单位，驻扎现场开展跟踪造价管理工作。

本章主要介绍四项试点工程全过程造价咨询的具体过程和工作细节，包括现场项目部组建和服务方案、前期阶段开展的具体工作、施工阶段进行设计变更、签证审核，关键节点旁站及工程量审核，进度款支付审核，农民工工资支付审核等重点工作的具体开展过程和取得成效。实践证明，全过程造价咨询试点工作取得了良好的经济成效，对于电网工程的造价管理具有积极的作用和影响。

第一节
500kV沿海输变电工程一全过程造价咨询

一、项目基本概况

500kV沿海输变电工程一包括1项变电站新建工程、2项间隔扩建工程、2条线路工程等7个单项工程，涉及500kV变电站3座，线路总长95.86km，新组立铁塔246座。500kV沿海输变电工程一新建变电站如图4-1所示。

图4-1　500kV沿海输变电工程一新建变电站

其中，500kV新建变电站是盐城地区首座海上风电送出枢纽站，也是江苏地区首批500kV室内GIS变电站。为响应国家“双碳”战略，该变电站融入了综合能源站设计，在站内2栋配电装置楼6356m^{2}的屋顶上安装了954块光伏组件，建成容量546kV的光伏发电系统。该屋顶光伏系统年发电量约60.8万kWh，除满足站内自用外，富余的电量可联网外送，预计每年可减少标准煤耗185t、二氧化碳排放约499t，相当于造林500亩。此外，站内还预留了储能安装空间，以实现资源最大化利用。

该工程投运后可提升盐城地区海上风电送出能力约240万kW，大大满足海上风电的汇集和送出能力，预计可减少二氧化碳排放660万t，减少氮氧化物、二氧化硫等污染物排放11.8万t，助力江苏电源结构不断优化。

二、造价咨询工作方案

自该工程确定全过程造价咨询单位后，咨询单位根据工程建设规模和需求，第一时间组建全过程造价咨询项目组，提交实施方案及并制定保障措施。

1. 咨询服务组织架构

根据沿海输变电工程一的实际情况，全过程造价咨询单位组建了造价咨询项目部（组建通知如图4-2所示），项目部包括项目经理1人，土建和安装专业造价师各1人，现场驻点造价员2人，公司配合人员5人（土建专业2人，安装专业3人），人员组成见表4-1。

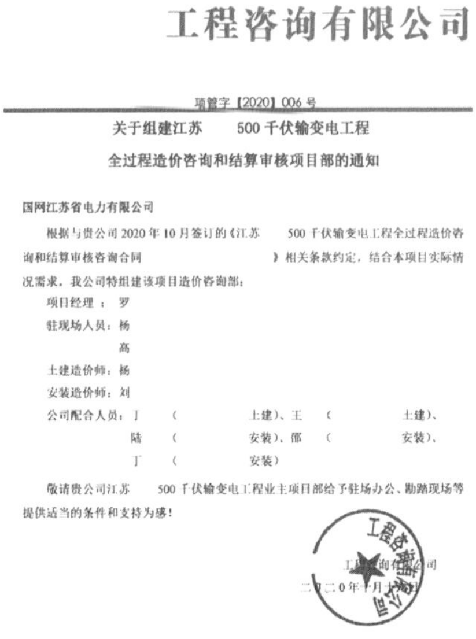

工程咨询有限公司

项管字【2020】006号

关于组建江苏　　500千伏输变电工程

全过程造价咨询和结算审核项目部的通知

国网江苏省电力有限公司

根据与贵公司2020年10月签订的《江苏　　500千伏输变电工程全过程造价咨询和结算审核咨询合同　　》相关条款约定，结合本项目实际情况需求，我公司特组建该项目造价咨询部：

项目经理：罗

驻现场人员：杨

高

土建造价师：杨

安装造价师：刘

公司配合人员：丁（　　土建）、王（　　土建）、

陆（　　安装）、邵（　　安装）、

丁（　　安装）

敬请贵公司江苏　　500千伏输变电工程业主项目部给予驻场办公、勘踏现场等提供适当的条件和支持为感！

工程咨询有限公司

二〇二〇年十月十[illegible]日

图4-2　沿海输变电工程一全过程造价咨询项目部组建通知

表4-1　　沿海输变电工程一造价咨询项目部人员组成

项目经理	罗××
驻现场人员	杨×、高×
土建造价师	杨××
安装造价师	刘×
公司配合人员	丁××（土建）、王×（土建）、陆×（安装）、邵×（安装）、丁×（安装）

其中，现场驻点造价人员主要负责收集现场造价资料、参与现场踏勘、参加结算推进与协调会，及时向公司汇报现场情况以及与造价相关事项。公司配合人员主要负责该工程相关造价咨询资料整理，根据施工图纸计算工程量，根据现场人员反馈的资料对现场工作进行指导，提交合同要求的各项成果文件，必要时到施工现场开展相关造价咨询工作。

在项目实施前，造价咨询单位依照各项管理要求对项目部成员进行了系统的宣贯和指导，并提出以下工作要求：

（1）积极参加建设管理单位组织的本工程施工图预算审查，工程量清单、最高招标控制价审核，投标报价、招标控制价对比分析，及施工合同条款的分析工作，并形成成果性文件。

（2）进驻现场后积极参加相关例会，了解项目动态，有效跟进项目具体情况，及时落实业主相关各项造价工作要求。

（3）确保造价资料的同步有效归档，避免后补资料致使资料真实性差，使工程结算时间得到保证，力求解决结算进度滞后的通病。

2. 造价咨询工作方案

全过程造价咨询项目部根据全过程造价咨询工作管理要求制定了工作方案和具体工作流程（如图4-3所示），明确前期阶段、施工阶段和竣工结算阶段的各项重点工作任务。

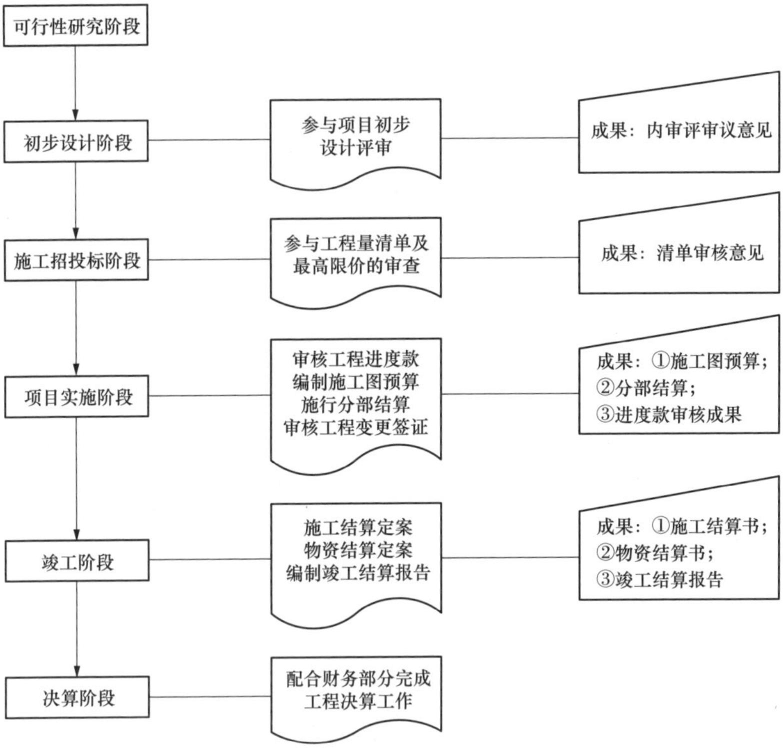

图4-3　全过程造价咨询业务流程图

前期准备阶段：收集工程基础资料，完成基本情况摸底，掌握所负责造价咨询事项的工作重点，编写提交造价咨询实施方案，并报公司技术负责人审核批准；结合现场造价人员工作的需要，尽快落实办公用房、生活用房、交通和设备等保障工作；对造价咨询发现的问题提出建议。

施工阶段：完成实施阶段跟踪造价咨询的工作内容；按时序进度，提供跟踪造价咨询成果文件。具体工作流程如图4-4所示。

竣工结算阶段：搜集整理结算资料，3天；复核各合同段图纸工程量、汇总工程变更、编制年度结算工程量清单及交工结算工程量清单，并完成送审工程结算的初审工作，15天；根据初审情况编制中间成果报告，与有关方面交换造价咨询意见，5天；提交最终造价咨询报告，包括造价咨询证据、对象、范围、目标、内容、评价、管理建议书，对造价咨询原始资料整理装订，立卷移交，5天。

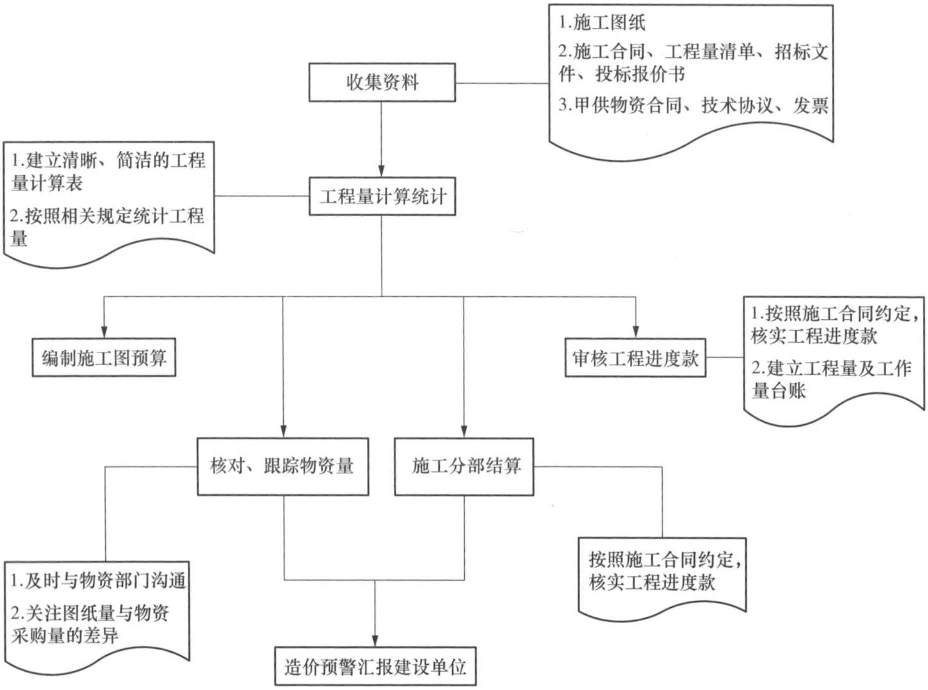

图4–4 项目实施阶段造价咨询工作流程图

3. 咨询保障措施

（1）组织保障措施。成立以造价咨询项目经理为总负责人，各专业人员参与的项目造价咨询组织机构。项目负责人主要负责造价咨询实施方案的编制和落实，项目造价咨询项目部的人员管理、进度安排和质量控制，重大事项的决策和汇报，造价咨询报告的编制和提交以及内外重大事项的组织协调工作。各专业造价咨询人员根据工程造价咨询实施方案开展工作，收集造价咨询资料，编写造价咨询工作底稿，保证造价咨询进度和质量。

（2）质量控制措施。项目部严格依据《建设工程造价咨询规范》（GB/T 51095—2015）及财政部《会计师事务所从事基本建设工程预算结算决算审核暂行办法》的有关规定进行项目造价咨询全过程的质量控制，规范造价咨询行为，提高业务质量。

1）造价咨询质量复核制度。严格执行三级复核制度，确保审价内容的真实、客观。Ⅰ级复核由专业人员负责，复核内容主要包括工程量的计算、价格的取定、费用的审核等。Ⅱ级复核由项目经理责，复核内容主要包括详细复核是否按要求和规定进行；详细复核发现的问题是否准确；造价咨询工作程序是否全部实施；对详细复核的结果按重要性程序进行抽样复核；所完成的造价咨询工作能否支持造价咨询工作结果的真实、准确等。Ⅲ级复核由项目专家组负责，复核内容主要包括详细复核及总体复核是否按要求和程序进行；前两级复核发现的问题是否准确；造价咨询工作能否达到预期的造价咨询工作目标；造价咨询工作结果是否真实、合法、完整；所出具的造价咨询工作报告草稿是否符合造价咨询工作准则及合同约定的要求等。

2）底稿的质量控制。工作底稿包括建设项目名称、造价咨询事项、会计期间或者截止日期、造价咨询人员及编制日期、造价咨询结论或者查出问题摘要及其依据、复核人员、复核意见及复核日期和附件。

3）造价咨询档案的质量控制。造价咨询项目部确定专人为立卷责任人，及时收集造价咨询项目的文件材料，造价咨询项目完成后，立卷责任人及时办理立卷工作。归入造价咨询项目案卷的文件材料包括以下内容：

①结论类文件材料，主要是造价咨询报告及造价咨询业务会议记录、复核意见书、造价咨询项目部的书面说明、建设单位对审价报告的书面意见等造价咨询报告形成过程中形成的文字材料及相关文件材料。

②证明类文件材料，主要是造价咨询依据、工作底稿等。

③立项类文件材料，主要是造价咨询业务约定书、造价咨询实施方案及调查记录等相关材料。

④备查类文件材料，主要是不能归入前三项的其他文件材料。

立卷责任人将文件材料归类整理、排列后，交造价咨询项目部审查验收。

（3）进度保障措施。

1）科学制订造价咨询计划，合理安排工作。

2）采用“倒计时”表的方式，控制造价咨询项目进度，即从上报的时间倒推造价咨询各环节的时间点。

3）为避免结算争议拖延造价咨询进度，造价咨询项目部将采取会审制度。会审组由造价咨询项目部、监理单位、施工单位、建设管理单位代表参加，对结算中有争议、法规不明确的事项，由会审组进行会审后确定。

4）做好现场与非现场的协调管理，项目经理与驻点人员保持密切联系，减少信息反馈周期，以便及时调整造价咨询工作的安排。

（4）人员安全保障措施。

1）开展安全教育，提高造价咨询人员的安全防护意识，强调现场踏勘需在施工或运行专业人员的监护下进行。

2）配备必要的安全装备，咨询人员在工地现场必须佩带。

3）为本项目部造价咨询人员投保。

三、造价咨询工作内容及成效

1. 招投标阶段

2020年5月，全过程造价咨询项目部参加该工程招标工程量清单、最高投标限价审核会，根据工作要求和清单审查注意事项，仔细审核工程招标清单，共计发现清单问题16项，具体内容见表4-2。

表4-2　　招标工程量清单审核

序号	专业类别	清单内容	审核修改建议
1	土建部分	500kV设备支架及基础“挖一般土方”	建议改为“挖坑槽土方”，并添加回填描述
2		砌筑外墙特征描述中包含抹灰	建议抹灰放到“内外墙装饰”中，备注中描述“含构造柱、圈梁、过梁雨篷、门框、天沟、挑檐及构件内钢筋等”
3		内外墙装饰	未描述抗裂钢丝网，建议添加
4		防静电地板	未描述高度与支架，建议添加

续表

序号	专业类别	清单内容	审核修改建议
5	土建部分	门	项目特征未描述五金、门框，建议添加
6		室外坡道、散水	项目特征未描述伸缩缝，建议添加
7		钢结构防腐	项目特征建议描述遍数与厚度
8		压型钢板屋面	建议根据实际做法描述增加“检修步道及栏杆等”
9		吊车	项目特征未描述“工作级别、操作形式”等具体参数，建议补充详细
10		室外消防水管道	未包含防腐要求，建议添加
11	安装部分	低压配电柜基础铁构件	未开列铁构件10号槽钢项，建议增加
12		电力电缆	项目特征未包含电缆终端头型号及个数，建议增加
13			其他费中增加招标代理服务费
14	线路部分	灌注桩成孔	建议备注：桩长按图示尺寸长度计算，并说明含桩尖长度
15			建议将现场搅拌改为现场搅拌或商品混凝土
16			建议在拆除部分增加拆除内容的清单项

2. 施工阶段

在工程的建设阶段，造价咨询项目部积极参加工程工地例会、工作推进会和争议协调会，认真开展设计变更审核、现场签证审核、工程量确认、进度款和农民工工资支付审核，以及分部结算审核等工作，取得了良好的造价跟踪管理成效。

（1）积极参加工程例会。2021年1月21日，参加工程技经交底会议，根据国家电网有限公司通用制度及省公司建设部、建管单位相关管理要求，汇报发现的问题、重点工作任务，工程技经交底会议现场如图4-5所示。

图4-5　工程技经交底会议现场

2021年3月19日，造价咨询项目部参加设计交底、图纸会检及变电站主控通信室、警卫室室内装修界面划分及方案交流协调会。同月，参加变电站第一分部结算推进会与输变电工程试桩工程协调会，依据招投标文件及施工合同提出合理意见。

2021年9月22日，参加变电站新建工程主体结构部分分部结算推进会，造价咨询项目部依据招投标文件及施工合同提出合理意见，以供确定最终会商意见及协调结果。

（2）设计变更及现场签证费用审查。针对工程发生的每一份设计变更及现场签证费用，造价咨询项目部根据招投标文件、施工合同等相关资料结合施工实际进行仔细审核，分析发生的费用是否可以计取，在可计取的前提下进行量价审核。

截至2022年1月，造价咨询项目部累计审核该工程设计变更并出具审核意见6份，共送审-218.8401万元，审定-226.1862万元，核减7.3461万元，核减率为3.36%。设计变更审核统计表见表4-3。

表4-3　　设计变更审核统计表

序号	具体事项描述	送审金额（万元）	审核金额（万元）	审减金额（万元）	核减比例（%）
1	变电站新建工程——主控通信室、消防泵房结构图部分内容修改	1.0505	0.5308	0.5197	49.47
2	线路工程1——27～30号改线	-1.4003	-1.4003	0	0
3	线路工程2——T47～T51改线	-238	-238	0	0
4	变电站新建工程——增加潜水轴流泵安装井筒支座	9.9	5.3246	4.5754	46.22
5	变电站新建工程——220kV GIS室和500kV GIS室增加除湿机	8.4	6.1589	2.2411	26.68
6	变电站新建工程——电流互感器调换安装及配套更换两侧导线和线夹	1.2097	1.1998	0.0099	0.82
合计		-218.8401	-226.1862	-7.3461	-3.36

关于设计变更一，送审变更费用为增加1.0505万元，设计单位送审预算书为施工图预算口径，依据招投标文件及施工合同审核结算书应为清单结算口径，审核后费用为“增加总费用为0.5308万元”，核减0.5197万元。

关于设计变更二，送审变更费用为减少1.4003万元，根据初步设计概算编制变更前后费用变化，塔基占地费用、青苗补偿费、灌注桩措施费根据概算单价计列，审定设计变更费用为1.4003万元。

关于设计变更三，送审变更费用为减少238万元，根据初设概算编制变更前后费用变化，塔基占地费用、青苗补偿费、灌注桩措施费根据概算单价计列，审定设计变更费用为238万元。

关于设计变更四，送审变更费用为增加9.9万元，依据招投标文件及施工合同审核结算书为清单结算口径，审核后费用为增加5.3246万元，核减4.5754万元。

关于设计变更五，送审变更费用为增加8.4万元，通过对三家供应商的资质、信用情况、市场口碑、价格质量进行对比，建议选用湿腾ST-890C工业除湿机，含税单价为2280元/套，按不含税价格2018元/套，加9%工程税额计取，依据招投标文件及施工合同审核结算书为清单结算口径，审核后费用为增加6.1589万元。

截至2022年1月，造价咨询项目部累计审核该工程现场签证并出具审核意见9份，其中已审定签证4份，送审15.4129万元，审定14.7162万元，核减0.6967万元，核减率5%。审定现场签证费用统计表见表4-4。

表4-4　审定现场签证费用统计表

序号	具体事项描述	送审金额（万元）	审核金额（万元）	审减金额（万元）	核减比例（%）
1	变电站新建工程——桩基检测费	11.3113	11.3113	0	0
2	变电站新建工程——甲供电力电缆及控制电缆运输	0.62	0.2107	0.4093	66.02
3	线路工程1——T4基础移位后填沟及恢复	1.5009	1.377	0.1239	8.26
4	线路工程2——T5基础移位后填沟及恢复	1.9807	1.8172	0.1635	8.25
合计		15.4129	14.7162	0.6967	4.52

关于现场签证一，桩基检测费现场签证送审费用为11.3113万元，付款发票不含税金额为103773.58元，最终审核含税金额为11.3113万元（税率9%），未核减。

关于现场签证二，委托运输甲供物资现场签证送审费用为6200元，依据《江苏省建设工程人工工资指导价》（苏建价〔2021〕397号文）和《江苏省电力建设建筑工程施工机械台班价》，审核后费用为2106.66元，核减4093.34元。

此外，施工单位上报变更降水方式签证，造价咨询项目部审核了施工单位提交的“拟采用管井降水增加工程造价”的签证审批单。经核查，施工单位投标文件中有“施工降水”的分部分项清单子目，项目特征中的“降水方式、井点深度、运行时间”均为“投标人根据地勘报告结合现场情况综合考虑”。因此，不同意施工单位变更降水方式的签证，节省工程费用约60万元。

桩基部分施工单位欲对方桩顶部预埋螺栓单独计算，依据变电工程工程量计算规范，施工单位在投标报价时应自行考虑套筒及其连接方式。因此，不同意施工单位对套筒进行单独计价，合计70万元。

（3）重要施工节点旁站记录及工程量审核。根据重点隐蔽工程清单，造价咨询项目部结合现场施工实际对重要施工节点进行了旁站记录。对于施工图纸无法准确反映实际施工工程量或与实际施工有偏差的工作内容，现场造价驻点人员及时跟进测量，并由设计单位据实绘入竣工图纸，但对于施工单位擅自提高施工标准或减少施工工作内容的事项应不予调增或相应调减，有效确保了隐蔽工程结算工程量和费用的准确性，合理控制了工程造价。目前共审核并出具7份隐蔽工程或措施项目工程量审核意见单，统计表见表4–5。

表4–5　　工程量审核统计表

序号	问题描述	拟核减金额（万元）
1	变电站土建工程，造价咨询项目部对场平工程量进行确认，“挖淤泥、流砂”合同量为8000m^3，审定工程量6696m^3，减少1304m^3，节约金额9.5305万元，将在后续结算中扣除	9.5305
2	变电站消防泵房、主变压器事故油池、雨水泵站、电抗器事故油池基坑钢板桩围护施工过程中，施工图纸要求钢板桩与围檩800mm范围内用素混凝土填充，监理项目部及造价咨询项目部人员确认现场实际未浇筑素混凝土填充。经计算需核减工程量11.38m^3，预计核减金额0.7万元，将在后续结算中扣除	0.7
3	变电站主控通信室、500kV GIS室、220kV GIS室等建筑物基础施工过程中，施工图纸要求保护层大于40mm的保护层中另加ф4@200双层钢筋网片，监理项目部及造价咨询项目部人员确认现场实际未增加钢筋网片。初步估算需核减工程量2.136t，预计核减金额1.3万元，将在后续结算中扣除	1.3

续表

序号	问题描述	拟核减金额（万元）
4	变电站500kV GIS室及220kV GIS室筏板基础埋件施工过程中，设备及管线埋件M-1～M-8，施工图纸为钢管焊接，经过施工现场跟踪并与现场监理沟通发现，施工过程实际为钢筋焊接，并且多数埋件仅有图纸上层钢板，非双层焊接，现场施工与图纸不符。经现场核查，初步计算需核减工程量6.997t，预计核减金额7.5万元，将在后续结算中扣除	7.5
5	变电站新建工程（主体结构部分）分部结算时，施工单位对主控通信室、500kV GIS室、220kV GIS室、雨淋阀室、警卫室房心以回填砂石4230.33m^3进行计量，监理项目部及造价咨询项目部人员确认现场实际做法为回填素土夯实	213
6	变电站电气设备安装施工过程中，招投标文件中为7个关口表、28个电能表，监理项目部及造价驻点人员确认现场实际安装15块电能表。经计算需核减工程量20块，预计核减金额7.97万元，将在后续结算中扣除	7.97
7	变电站巡视小道施工过程中，招标清单描述巡视小道混凝土垫层下为300mm厚碎石基层，监理项目部及造价咨询项目部人员确认现场实际做法为夯实土方并浇筑混凝土垫层，未做碎石基层。初步估算需核减工程量632.08m^2，预计核减金额7万元，将在后续结算中扣除	7

此外，为了更全面清晰地保存施工过程影像资料，造价咨询项目部采用无人机等相关摄影设备在日常施工过程中进行视频录制、局部针对性及全景拍摄，记录施工进度情况及视觉效果差异。例如，对线路工程2的6号杆塔基础与线路工程的T49、T52号杆塔基础泥浆外运情况进行了影像记录。

（4）工程进度款、安全文明施工费和农民工工资支付审查。为便于施工单位按照进度计划顺利开展施工任务，造价咨询项目部及时按照施工合同相应支付条款进行计量，同时对农民工工资支付进行了准确、及时的审查，积极维护保障农民工合法权益。

2021年4月，造价咨询项目部对第一笔工程进度款计量支付进行了审核，送审12469.1038万元，其中安全文明施工费103.8416万元、人工费1467.8899

万元；审定11467.8899万元，其中安全文明施工费103.8416万元、人工费1467.8899万元，核减1001.2139万元。

造价咨询人员配合排查农民工工资支付情况，按照《国网基建部关于应用“e安全”加强输变电工程现场农民工工资支付工作的通知》（基建技经〔2020〕70号）要求检查施工单位实名制登记、支付台账、银行回执等内容。

（5）分部结算审核。2021年2月19日，造价咨询项目部对变电站新建工程（桩基部分）开展了分部结算审核工作，施工单位送审4513.1317万元，涉及合同金额4306.9545万元；由于审核过程中存在部分争议问题，3月26日，建管单位组织开展第一分部结算推进会进行会商；5月13日，桩基部分最终审定4204.1895万元，核减308.9422万元，核减率为6.85%；5月20日，造价咨询单位出具桩基部分分部结算审核（内审）报告。

2021年6月30日，对线路工程（基础部分）开展分部结算审核工作，施工单位送审17252.6512万元，涉及合同金额16947.7154万元；造价咨询项目部7月31日完成核对并反馈建管单位与施工单位进行确认，因泥浆外运、道路修筑等工程量确认手续办理未完成以及现场签证变更手续流转未完成，其他项目费无法核定，本体施工费用已审定；11月5日，施工单位提交手续齐全的现场签证、设计变更及工程量确认单，最终审定16061.9027万元，核减1190.7485万元，核减率为6.90%；11月20日，造价咨询单位出具线路工程基础部分分部结算审核（内审）报告。分部结算审核统计表见表4-6。

表4-6　　　　分部结算审核统计表

序号	分部结算	送审金额（万元）	审核金额（万元）	审减金额（万元）	核减比例（%）
1	变电站新建工程第一分部（桩基部分）	4513.1317	4204.1895	308.9422	6.85
2	线路工程第一分部（基础部分）	17252.6512	16061.9027	1190.7485	6.90
合计		21765.7829	20266.0922	1499.6907	6.89

3. 资料归档

该工程已累计收集整理的过程造价文件：输变电工程施工合同及中标通知书、保障农民工工资支付补充协议、输变电工程监理合同及中标通知书、输变电工程勘察设计合同及中标通知书、施工招标文件、施工投标文件、岩石工程勘察报告、纸质版施工图纸168册、电子版施工图纸145册、可行性研究报告批复、初步设计批复、电网项目核准批复、环境影响报告书批复、水土保持方案行政许可决定、批准概算、经审查的施工图预算、招标清单及招标控制价、分部结算资料2份、设计变更6份及审查咨询意见、现场签证5份及审查咨询意见、工程量确认单6份、技经专题会议纪要5份、专题会议纪要6份、周例会会议纪要34份、安全文明施工设施进场验收单2份、安全质量检查违章违规处罚通知单51份、工程开工报审表2份、分部结算审价咨询报告1份、工程造价咨询月报8份、现场跟踪施工影像相机照片387张，无人机航拍照片229张，无人机航拍视频28个。

第二节 500kV沿海输变电工程二全过程造价咨询

一、项目基本概况

500kV沿海输变电工程二包括1项变电站新建工程、1项变电站间隔扩建工程、1条线路工程和配套系统通信工程，工程概算动态总投资91379万元。工程500kV和220kV两栋配电装置室上方共布设526kW光伏，实现了能源就地消纳。500kV沿海输变电工程二新建变电站如图4-6所示。

图4–6　500kV沿海输变电工程二新建变电站

工程建成投运后，为南通地区新增大规模海上风电的接入和电力输送创造了有利条件，对缓解江苏电网的新能源消纳压力，助力江苏地区电源结构优化，落实“双碳”目标实现具有重大战略意义。

二、造价咨询工作方案

全过程造价咨询单位根据工程和工作实际需要，选派具有丰富专业知识和经验、协调能力强的专业技术人员组建全过程造价咨询项目部，参加本工程造价咨询工作。项目组成员工6名，其中项目经理1名，驻场人员2名，公司配合人员3名，项目部组建通知如图4–7所示。

三、造价咨询工作内容及成效

1. 招投标阶段

2020年5月28日，全过程造价咨询项目部对变电站工程招标限价及工程量清单进行审核并提出相关建议，招标限价及工程量清单审核见表4–7。

建设项目管理有限公司

关于组建 500千伏输变电工程全过程造价咨询项目部的通知

国网江苏省电力有限公司

根据贵公司和我公司签订的《 500千伏输变电工程全过程跟踪咨询合同》的相关条款，我公司按合同要求组建项目咨询部：

项目经理：左

驻场人员：庞 （土建造价师）

吴 （安装造价师）

公司配合人员：郭 （土建造价师） 、张 （土建造价师） 、印 （安装造价师） 。

请贵公司 500千伏输变电工程项目管理部给予工作支持和方便。

项目管理有限公司

20 11月26日

图4–7 沿海输变电工程二全过程造价咨询项目部组建通知

表4–7 招标限价及工程量清单审核

序号	工程类别	清单内容	审核修改建议
1	土建部分	地面块料面层	建议增加面层规格描述
2		其他钢结构（爬梯）	清单工程量偏少，建议复核
3		普通钢筋	建议按规格分列 ϕ10以内及 ϕ10以外清单

续表

序号	工程类别	清单内容	审核修改建议
4		通风及空调、给排水、照明及接地	建议描述尽量细化，便于施工单位报价
5		门（防火门）	建议增加防火等级要求描述
6		窗	建议增加型材规格、玻璃规格及窗台打胶等描述
7		地下井池	建议增加止水钢板描述及相关费用
8		钢屋架、钢吊车梁	建议增加型材品种规格、防腐防火防锈要求等描述
9		构支架	建议增加含灌浆、保护帽等描述
10		井池、隧道	建议增加防水做法、底面找平、内外粉刷等描述
11		避雷针塔	无土方开挖清单项，建议复核
12		井池	建议增加包含设备基础、集水井、排水槽等描述
13		余方弃置	清单工程量偏少，建议复核
14		玻璃幕墙	描述过于简单，建议细化
15		消防水管道	建议增加包含阀门、管件等描述
16		水泥搅拌桩	建议增加空搅长度描述
17		站区绿化	项目特征中建议增加含草皮购置、铺设、浇水养护等描述内容，综合单价结合定额与市场行情合理确定
18	安装部分	电缆保护管	建议特征描述增加管材型号规格等
19		稳压泵	特征描述建议增加其配套的电机、控制电源装置等内容
20		消防水管道	特征描述建议增加管道的防腐刷漆，管道支架的制作安装、防腐刷漆内容
21		施工降水费	建议将其放至措施项目清单计价表（二）
22	线路部分	杆塔坑挖方及回填、接地槽挖方及回填	如地质类别无法准确描述，建议合并描述为综合地质，具体由投标人踏勘现场自行考虑
23		接地安装	项目特征中建议描述增加降阻（接地）材料要求
24		施工道路	建议放至措施项目清单（二）
25		特殊跨越架	建议放至措施项目清单（二）

2. 施工阶段

（1）全过程造价咨询推进主要节点。

2021年6月，完成变电站新建工程桩基分部结算偏差分析专题报告。

2021年7月，出具变电站新建工程物资运输签证意见单，并提出审核意见。

2021年9月，项目施工全部完成，对已完成变电站室内设备进行工程量复核。当月26—27日参与变电站新建工程核价讨论会，完成部分新增乙供材料核价。

2021年10月，完成变电站新建工程光伏设计变更意见单，并提出相关建议。

（2）设计变更及签证审核。该工程施工过程中上报光伏设计变更1份，合计111.1737万元，设计变更审核情况见表4–8。

表4–8 设计变更审核统计表

事项描述	送审金额（万元）	审核金额（万元）	审减金额（万元）	核减比例（%）
变电站新建工程——光伏设计变更	111.1737	111.1737	0	0

工程施工过程中上报签证9份，合计102.9143万元，审核金额54.5362万元，核减金额48.3781万元，核减率为47.01%。签证审核统计表见表4–9。

表4–9 签证审核统计表

序号	具体事项描述	送审金额（万元）	审核金额（万元）	审减金额（万元）	核减比例（%）
1	甲供结余物资运输	1.5998	1.0848	0.5150	32.19
2	线路工程X探伤	9.888	9.888	0	0
3	气体继电器送检	2.0088	1.7159	0.2929	14.58
4	压力释放阀送	3.3088	2.9423	0.3665	11.08
5	油面温度计送检	0.7344	0.6032	0.1312	17.86

续表

序号	具体事项描述	送审金额（万元）	审核金额（万元）	审减金额（万元）	核减比例（%）
6	通海线路增加航运标识牌	3.12	2.4816	0.6384	20.46
7	通海保护专网设备搬迁	9.5417	8.1901	1.3516	14.17
8	线路工程防疫费用	14.51	14.4829	0.0271	0.19
9	变电站新建工程防疫费用	58.2028	13.1474	45.0554	77.41
合计		102.9143	54.5362	48.3781	47.01

此外，变电站工程施工过程中，施工单位拟上报一份“增加人脸识别系统增加工程造价”的签证审批单，造价咨询项目部审核认为人脸识别归属于安全文明施工措施费中。因此，不同意施工单位人脸识别签证，节省工程费用约2万元。

（3）现场驻点发现的问题。

1）变电站围墙外墙面、220kV配电装置室继电小室外墙面招标清单描述为围墙外墙满铺钢丝网，施工过程中现场实际做法为仅在两种材质交界面处铺钢丝网。初步估算变电站围墙核减工程量3636m^2，预计核减金额13万元，继电小室外墙核减0.59万元。将在后续结算中扣除。

2）过路电缆沟埋管做法与设计图纸要求做法不一致，设计图纸中过路埋管要求预埋1根ϕ100镀锌钢管用于排水，现场采用PVC管代替，预计核减金额1.396万元，将在后期分部结算中扣除。

3）各小室外墙勒脚处干挂大理石施工单位上报为龙骨做法，经确认，现场实际部分使用卡扣做法，核减46.84万元。

4）站用变压器室有防水要求的房间未按清单要求实施“1.5mm厚聚氨酯防水层两道”工序，后期相应核减0.3万元。

5）电气安装中，支柱绝缘子安装数量与招标清单不一致，ZSW-126/12.5-4招标清单数量为36个，现场实际安装30个；户外胶装支柱绝缘子ZA-12T招标清单数量为10个，现场实际安装6个，相应核减0.48万元。

（4）分部结算审核。分部结算审核统计表见表4-10。

表4-10　　分部结算审核统计表

序号	分部结算	送审金额（万元）	审核金额（万元）	审减金额（万元）	核减比例（%）
1	变电站新建工程——第一分部结算（桩基）	2844.78247	2765.421114	79.361356	2.79
2	变电站新建工程——第二分部结算（基础）	1131.6448	1085.3925	46.2523	4.09
3	线路工程——第一分部结算（基础）	8205.0089	7237.7644	967.2445	11.79
合计		12318.69407	11221.61591	1097.08	8.91

第三节 500kV沿海输变电工程三全过程造价咨询

一、项目基本概况

沿海输变电工程三包括1项500kV变电站新建工程和1条500kV线路工程，其中线路工程共233基，长约97.886km，核准动态投资130429万元。500kV沿海输变电工程三如图4-8所示。

江苏地区的海上风电场通过三项沿海输变电工程组成的沿海二通道，每年输送清洁电能173亿kWh，助力减少CO_2排放1760万t，减少NO_x、SO_2等污染物排放31.8万t，将为长三角一体化发展提供充沛的绿色动能，更好地助力江苏绿色低碳发展。

二、造价咨询工作方案

本工程造价咨询项目部共6人，由项目经理、技术负责人和其他辅助人员

图4–8　500kV沿海输变电工程三

组成，拟定人员及工作职责如图4–9所示，造价咨询项目组成员专业、数量、能力资格能够满足工程的工作需要，其中项目经理及技术负责人由注册造价工程师担任。

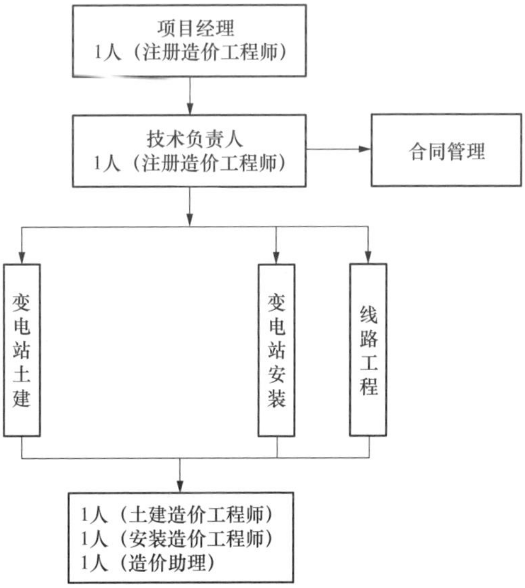

图4–9　项目拟定人员及工作职责

1. 项目经理职责

确定全过程造价咨询服务机构组织形式、人员结构及岗位职责；组织编制咨询服务工作规划、质量评估报告、工作总结等咨询文件；审核重大设计变更、工程签证和技术方案，审核工程进度款、安全文明施工费，组织审核施工单位提交的工程结算。

2. 技术负责人职责

负责全过程造价咨询技术方面的全部工作，受项目经理委托履行管理文件及专项方案的审批签字、设计变更和签证、进度款审批及其他可以协助咨询项目经理的工作。

3. 各专业造价咨询人员职责

负责项目建设过程中的具体造价工作，参加初步设计文件内部审查，参加设计交底、施工图会检和工程量审查；审核设计变更、签证费用，根据规定权限报批；组织设计、施工和监理等单位提交工程结算资料，预审并上报工程结算。

三、造价咨询工作过程及成效

1. 招投标阶段

2020年5月27日，造价咨询单位参加工程招标工程量清单审核，并提出审核修改意见。招标工程量清单审核统计表见表4-11。

表4-11　　招标工程量清单审核统计表

序号	工程类别	清单内容	审核修改建议
1	土建部分	内墙面装饰	项目特征增加基层抹灰描述
2		室外坡道	项目特征删除散水描述，描述伸缩缝的处理
3		室外散水	项目特征应描述伸缩缝及同墙体连接缝的处理
4		门	项目特征应描述五金、门锁、门吸内容

续表

序号	工程类别	清单内容	审核修改建议
5	土建部分	门	项目特征建议核实卷帘门是否有电动装置
6		接地角钢	项目特征建议描述女儿墙上避雷带支撑角钢的位置
7		室内给水管道	项目特征建议描述含开槽及恢复
8		PVC管	项目特征建议描述含开槽及恢复
9		钢屋架、钢支撑桁梁、钢吊车梁	项目特征建议增加金属材料规格
10		钢结构防火	按耐火时间单独立项
11		钢结构防腐	项目特征应按照图纸要求描述完整、详细
12		钢格栅项目	特征品种描述建议修改为：型钢或角钢框+扁钢
13		变压器油池油箅子	项目特征建议修改为材质：型钢油箅子，防腐要求：热镀锌
14		室外砌体沟道	项目特征补充完善具体做法
15		井、池	项目特征请根据图纸核实盖板材质
16		其他钢结构	项目特征增加描述铁件防腐要求
17		道路	项目特征钢筋工作量并入普通钢筋清单工作量
18		刚性防水套管	核实防水套管是否需要热镀锌等防腐措施
19		总说明	建议修改为“钢筋接头费用由投标单位综合考虑计入投标报价”
20	安装部分	电力电缆、控制电缆	项目特征建议描述含电缆终端投标人综合考虑
21		变压器绝缘油综合试验	按单台计取，调整为3台
22	线路部分	现浇基础及灌注桩混凝土	建议混凝土拌和要求改为现场搅拌或商品混凝土
23		灌注桩成孔	备注一下桩长按图示尺寸长度计算
24		接地安装	特征描述需完善，补全材质、计量单位及清单数量
25		杆塔标志牌安装	在招标人采购材料（设备）表中增加该项

2. 施工阶段

（1）设计变更审核。该工程累计发生设计变更1项，为变电站土建部分“巡视小道面层由面包砖改为花岗岩，建筑物门口引接小道、主控室前广场地面面层由面包砖改为140mm厚C30混凝土”，送审金额为13.45万元，造价咨询项目部根据施工合同及招投标文件审核金额为6.49万元，审减费用6.96万元。设计变更审核统计表见表4-12。

表4-12 设计变更审核统计表

序号	具体事项描述	送审金额（万元）	审核金额（万元）	审减金额（万元）	核减比例（%）
1	变电站土建设计变更——巡视小道面层由面包砖改为花岗岩，建筑物门口引接小道、主控室前广场地面面层由面包砖改为140mm厚C30混凝土	13.45	6.49	6.96	51.75
2	T33报废C腿设计变更——报废腿为单桩基础，桩径为1.6m，桩长26m，混凝土体积为53.35m^3，钢材为3243.4kg	13	12.51	0.49	3.77

（2）现场签证审核。造价咨询项目部驻场人员参与现场重要隐蔽工程验收40余项，审核变电站工程签证6份，现场签证审核统计表见表4-13。

表4-13 现场签证审核统计表

序号	具体事项描述	送审金额（万元）	审核金额（万元）	审减金额（万元）	核减比例（%）
1	变电站工程——35kV SF_6气体送检	2.91	2.91	0	0
2	变电站工程——220kV SF_6气体送检	4.51	4.51	0	0
3	变电站工程——500kV SF_6气体送检	4.51	4.51	0	0
4	变电站工程——加装人脸识别人员管理系统	1.43	1.43	0	0
5	线路工程——T46塔下方埋设ϕ1000水泥涵管并回填土方费用	4.984	4.704	0.28	5.62
6	线路工程——T113塔进场铺路费用	4.355	0	4.355	100

关于现场签证五，由于T46塔位于农田排水渠上方，为保证基础施工过程中农田可正常排水，需对塔下排水渠埋设φ1000水泥涵管56m并回填土方（56m×4m、深1.5m），造价咨询项目部审核后根据定额计费核减2800元。

关于现场签证六，线路工程建设过程中，施工单位报审签证“施工道路铺钢板17处，合计金额69.21万元”，造价咨询项目部审核认为，输变电工程施工合同专用条款2.9.2约定“线路工程施工场地与公共道路之间通道由承包人自行解决”，因此报审的施工道路铺钢板费用应包含在合同价格风险内，签证事由不予认可。

因台风（不可抗力）过境，为消除相关危害，线路工程拆除了搭设完成的跨越架，其中在台风“烟花”期间，T100～T111拆除的跨越架包括7个跨越380V，4个跨越10kV、跨S349省道和部分窄公路；T145～T157拆除的跨越架包括11个跨越低压线，4个跨越10kV，1个跨越35kV及道路和大棚。在台风“灿都”期间，T206～T222拆除的跨越架包括6个跨越380V，1个跨越110kV和3条窄路。期间造成的损失以签证形式报批，合计费用为49.1379万元。

此外，变电站土建施工过程中，施工单位提交“拟采用管井降水增加工程造价”的工作联系单，经核查，施工单位投标文件中有“施工降水”的分部分项清单子目，项目特征中的“降水方式、井点深度、运行时间”均为“投标人根据地勘报告结合现场情况综合考虑”。因此，造价咨询项目部未同意施工单位变更降水方式的申请，节省费用约60万元。

线路工程中，施工单位报审签证“鱼塘施工措施费9处，合计金额199.84万元”，造价咨询项目部审核后认为，招标工程量清单中“其他项目”内立项“鱼塘立塔施工措施费，备注11基”，施工单位投标文件未予以响应报价，应视为此部分费用包含在投标报价中，该签证内容不予认可。

（3）工程进度款及农民工工资支付审查。施工单位申请进度款2278万元，其中农民工工资278万元，施工进度款（不含农民工工资）2000万元。造价咨询项目部审定进度款为2228万元，主要核减为桩承台部位钢筋和保护帽工程量，较申报价款核减约50万元，并形成进度款审核意见单。

2021年10—11月，参加工程第三季度农民工工资支付情况的检查工作，见表4-14，发出整改通知单一份，督促施工单位进行整改。

表4-14　　沿海输变电工程三农民工工资支付情况表

工程进度款累计已拨付农民工工资（万元）	总包单位累计已支付农民工工资（万元）	支付比例（%）
2837.2264	1453.1992	51.22

（4）分部结算。本工程桩基分部工程于2020年9月8日开工建设，12月23日完工；施工单位于2021年1月29日提交桩基分部结算，全过程造价咨询单位2月26日完成审定，并出具分部结算审核（内审）报告。

桩基分部结算内容包含混凝土灌注桩、钢筋笼、钢护筒、混凝土搅拌桩，由于凿桩头和换填砂石未施工完成，不在此次分部结算范围内。本次分部结算合同金额为5982.2359万元，报审金额5275.0534万元，结算审定金额5088.8854万元，核减186.1680万元，核减率为3.53%，见表4-15。

表4-15　　桩基分部结算审核统计表

项目	报审金额（万元）	审定金额（万元）	核减额（万元）	核减率（%）
桩基分部结算	5275.0534	5088.8854	186.1680	3.53

（5）造价分析。桩基分部结算完成后，全过程造价咨询项目部分析发现审定结算价与投标价偏差较大，为明确偏差原因，开展了桩基分部的审定结算价与合同价，招标限价，同口径概算量、价对比分析，四部分造价及工程量差异对比表分别见表4-16和表4-17。

表4-16　　造价差异对比表　　（万元）

序号	分类汇总	概算价	招标限价	合同价	分部结算审定价
一	地基处理				
1	混凝土灌注桩	2370.982	2316.09	2580.98	2484.56
2	钢筋笼		1639.49	1611.81	1281.61
3	护筒	374.83	368	190.99	0
4	水泥搅拌桩（桩径500mm）	587.4953	661.63	589.07	480.34
5	水泥搅拌桩（桩径600mm）		16.19	12.34	0
6	材料调差	1783	—	—	7.02
二	直接费合计	5116.307	5001.4	4985.19	4253.53
三	全费用合计	6193.83	6001.68	5982.23	5088.89

表4-17　　工程量差异对比表

序号	分类汇总	概算工程量	招标清单量	合同量	分部结算量
1	混凝土灌注桩（m^3）	22100	22254.75	22254.75	21423.34
2	钢筋笼（t）		2600	2600	2067.347
3	护筒（m）	46854	46000	46000	0
4	水泥搅拌桩（桩径500mm）（m^3）	27806.01	24086.28	24086.28	19640.5
5	水泥搅拌桩（桩径600mm）（m^3）		589.5	589.5	0

审定结算价与合同价偏差：主要原因是各子目工程量的减少，其中“钢护筒”和“水泥搅拌桩（桩径600mm）”未实施，节约金额248.61万元。

审定结算价与招标限价偏差：“混凝土灌注桩”审定单价为1159.74元/m^3，比招标限价高119.02元/m^3，工程量差异不大，造成费用增加202.16万元。其他子目偏差原因均为审定工程量减少，结算单价降低。总体审定结算价相比招标限价节约912.79万元，节约率为15.21%。

审定结算价与同口径概算偏差：灌注桩概算价格水平较低，在工程量比审定结算高676.66m^3的情况下，总价低1375.14万元，是本次分部结算超概的主要原因；钢护筒未实施节约516.37万元；水泥搅拌桩审定工程量减少8165.51m^3，单价增加9.2元/m，总体费用比同口径概算节约180.97万元。

第四节 500kV线路工程全过程造价咨询

一、项目基本概况

500kV线路工程包括1条500kV线路工程，2项变电站扩建工程以及配套系统通信工程，项目概算动态总投资157240万元，计划2020年10月开工，2022年6月竣工。其中线路工程中包含长江大跨越线路4055m，该段采用“耐—直—直—耐”方案跨越，各档跨距为755m—2550m—750m，跨越塔呼高342.5m，塔全高385m，两岸错塔共4基，呼高65m，全高99m。由于跨越塔高度超高、跨距大，加上需要考虑风、雪、地震等自然灾害的冲击，因此跨越塔采用钢管加装环装钢骨支撑并浇灌混凝土结构，即100m以下采用在钢管内部加装环状钢骨支撑并浇灌混凝土的方式，100～200m为钢管浇灌混凝土结构，200m以上为钢管结构，这是我国电力建设史上规模最大、技术难度最大的跨江联网输变电工程，并将创造建设385m世界最高输电高塔的世界纪录。500kV线路工程四如图4–10所示。

该工程建成后将有效提高长三角能源电力一体化水平，大幅提升地区新能源等绿色能源利用效率，降低长三角地区总体碳排放水平，全力支撑长江两岸经济社会发展。

二、造价咨询工作方案

2020年9月，造价咨询单位组建造价咨询项目部并提交工程全过程造价

图4-10　500kV线路工程四

咨询工作方案。项目部成员共计4人，其中项目经理1人，负责统筹该工程全过程造价咨询各项工作；大跨越线路段1人，一般线路段1人，负责驻点咨询；1人在公司配合，负责整理、出具项目工作成果文件。

1. 造价咨询工作职责

在工程建设过程中提供造价管控咨询建议，推进工程阶段性结算审核，提升结算审核质量，确保结算审核工作规范、及时、准确，精准有效地控制工程建设成本。

（1）对签证及设计变更提供咨询意见、参与工程材料核价、参与技经例会、现场踏勘与计量复核、阶段性结算审核、辅助编制全口径结算报告等。

（2）及时为建设管理单位各项过程技经管理提供专业支撑，参与建设管理单位组织的重要会议、方案论证，并提供造价咨询意见，参与现场造价管理。

（3）工程结算审计完成后，开展造价对比分析，根据建设管理单位需要参与决算后本工程接受的审计、督查等工作。

2. 重点难点工作分析

（1）由于线路长、地质情况变化多样，施工工期长等因素，基础土石方工程可能发生施工期间的地质与招标清单给定的地质有较大差异的情况，对于该部分施工单位提出的增补费用，需要结合地质勘测报告、施工合同中约定的风险范围及现场施工期间的影像资料，并与设计、建管、监理沟通与询证，合理审核该部分费用。

（2）线路基础工程需要针对不同的基础型式分路段进行现场抽查，并且采用现场勘测与审查竣工资料相结合的方式复核，地下部分的复核通过查对验收资料确定，地上部分的复核采用现场测量确定。

（3）基础挡土墙、护坡工程建设时期受实地施工环境影响和最终水土保、环评影响较大，可能存在图纸要求施工做法与现场实际施工做法不一致的情况，在审核此部分工作内容时，需在现场实地勘察，与施工图纸对比后计入结算。

（4）工程施工出现重大变更及签证事项时，需与业主、施工单位等各方同时进行现场复核，对现场进行核实、拍照取证，针对设计变更和签证提出处理意见，以供建设单位参考。

三、咨询服务运作过程

1. 招投标阶段

2020年5月27日，造价咨询项目部对大跨越线路段工程招标限价及工程量清单进行审核并提出相关建议。招标工程量清单审核统计表见表4–18。

表4–18　　大跨越线路段招标工程量清单审核统计表

序号	工程类别	清单内容	审核修改建议
1	线路工程	杆塔坑挖方及回填	建议将清单编制说明第12条改为“土石方临时堆放及堆放场地、倒运及余土、泥浆外运及外运土方处置费由投标单位综合考虑相应运距计入投标报价”
2		现浇基础及大体积混凝土	建议将混凝土拌和要求改为现场搅拌或商品混凝土

续表

序号	工程类别	清单内容	审核修改建议
3	线路工程	灌注桩成孔	项目特征增加：桩长按图示尺寸计算
4		防坠落装置	在招标人采购材料（设备）表中增加
5		杆塔标志牌安装	在招标人采购材料（设备）表中增加
6		其他费用——航空警示灯及警航球	增加说明本费用为安装费
7		交叉跨越	在其他项目清单中单独考虑跨越长江费用
8		封航及航运警戒管理费	在其他项目清单中增列
9		导地线及钢丝绳临时防振措施费	在其他项目清单中增列
10		面砖面层	建议增加描述面砖结合层
11		内墙无机涂料	建议增加基层做法描述
12		地面块料面层（卫生间）	建议增加防水
13		余方弃置	建议项目特征增加含处置费
14		围墙	建议混凝土、砖墙、装饰分开列清单
15		水泥搅拌桩	建议增加截桩头清单
16		钢筋混凝土预制桩	建议描述桩芯灌注混凝土深度
17		拆除工程——混凝土地坪	建议描述拆除厚度，含外运及处置
18		井点降水	建议按项列清单

2. 施工阶段

（1）造价咨询推进关键节点。

1）2021年1月，全过程造价咨询项目部进驻工程现场。

2）2021年3月，参加大跨越南北跨越塔、南北锚塔施工场地标高实测实量，为测算基础土石方工程量提供计算依据，完成工程首次进度款与SG-001监控基础及构架签证的审核工作。

3）2021年4月，收集现场的灌注桩成孔与浇筑、基坑开挖与回填、承台施工与浇筑、杆塔组立工序的人材机使用数据。

4）2021年6月，参加技经交底会议，就施工单位上报的临建“三合一”项目部签证费用做细化讨论。

5）2021年7月，配合建设管理单位对本工程农民工工资支付情况进行专项检查，重点检查施工单位农民工实名制报审表、农民工工资支付表、银行付款流水单等资料完善情况，参加本工程基础部分结算会议。

6）2021年8月，参加业主项目部技经交底会议，现场审核报送的签证、工程量确认单。

7）2021年9月，开展工程基础部分结算审核。

8）2021年10月，配合建设管理单位完成第三季度的农民工工资支付检查工作。

9）2021年11月，与施工项目部、监理项目部共同对河道改造的工程量进行现场实测实量和确认。

（2）设计变更及签证审核情况。现场签证审核统计表见表4-19。

表4-19　现场签证审核统计表

序号	事项描述	送审金额（万元）	审核金额（万元）	审减金额（万元）	核减比例（%）
1	监控格构基础及安装	8.35	7.66	0.69	8
2	北岸跨越塔承台、连梁使用井点降水	239.81	0	239.81	100
3	配合拆除南岸跨越塔A腿房屋，增加合同外人员、机械等调遣费	6.85	5.39	1.46	21
4	南跨越塔A腿基础施工因建设场地征用原因二次进场	33.10	15.49	17.61	53
5	承台、连梁开挖边坡面浇制混凝土	61.44	46.38	15.07	25
6	防疫费用	83.67	8.48	75.18	90
合计		433.22	83.41	349.82	81

关于现场签证一，为满足智慧工地建设需要，南、北两处跨越塔现场共需增设三处监控格构塔进行工地监控，施工内容包含监控格构塔基础及立塔，

该签证送审金额为8.35万元，造价咨询项目部根据施工图及合同规范审核上报的工程量价，审定费用7.66万元，核减费用0.69万元。

关于现场签证二，施工单位上报跨越塔基础部分的降水措施费用签证。造价咨询项目部审核发现，招标清单中水坑、泥水坑的工作内容包含坑内排水，施工单位投标时应根据清单和地勘报告进行投标报价，如考虑费用不足或未考虑均属于投标单位自行让利，因此该签证内容不予采纳。

关于现场签证六，施工单位上报突发疫情期间增加费用，主要包括防控管理监督人员费用、防疫物资费用等，因税金重复计列、物资采购及人员费用遵循结算原则及相关文件要求，该签证最终审定8.48万元。

（3）隐蔽工程工程量确认。长江大跨越工程示意图如图4-11所示。

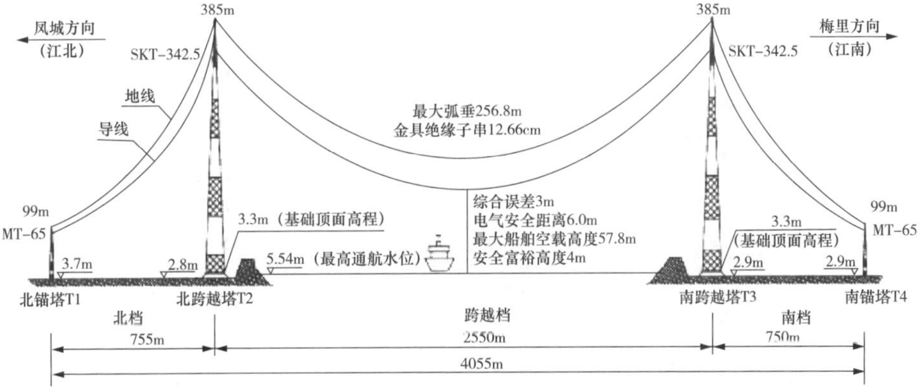

图4-11 长江大跨越工程示意图

大跨越工程所处位置水系较发达，北跨越塔T2区域与北向、南向、西向三条河道冲突，如图4-12～图4-15所示。为保证塔腿地基稳定，施工前需要对原河道进行清淤回填改造并在周围开挖排水沟保证积水顺利排出。此外，北跨越塔锚塔小号侧也有一河道，临近N1、T1塔基AD腿，施工时需将河道回填并埋设管道以便于排水。鉴于以上情况，施工单位在投标文件暂列金额中列支了15万元施工临时河道改造费。

图4-12　北跨A腿所处位置

图4-13　北跨B腿所处位置

基础部分分部结算开始后，施工单位上报河道改造费用（暂列金）436万元，包括北跨越塔施工涉及的三条河道改造费用和北边河道进场道路费用，北锚塔施工涉及的河道改造涵管埋设及回填工作。由于涉及工程量较大、费用较高，且河道改造施工发生在施工前期，现场测量记录和影像记录等过程资料有限，因此需进行工程量确认。

图4-14　北跨C腿所处位置

图4-15　北跨D腿所处位置

施工单位进行河道改造的施工方案如图4-16所示。

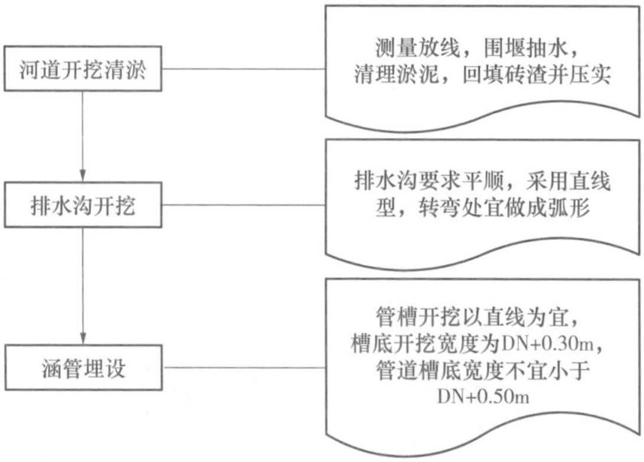

图4-16　河道改造施工方案

结算时，因施工现场已经历场地平整、桩基施工、土石方施工、基础承台浇筑等建设阶段，对河道改造工程量的确认造成了很大困难。为解决这一难题，考虑到工程所处位置水系发达，经卫星影像测距与前期地形图对比发现施工场地外的河道延伸部分与原河道尺寸无较大差异，经业主、监理和全过程造价咨询项目部共同讨论决定，通过测量原始河道周边部分的长、宽、深尺寸作为计算清淤及回填工程量的依据。

2021年11月23日，业主、监理、施工单位以及造价咨询单位共同前往延伸部分河道进行尺寸实测，测量过程如图4-17～图4-20所示。

图4-17　北跨T2跨越塔（卫星定位）

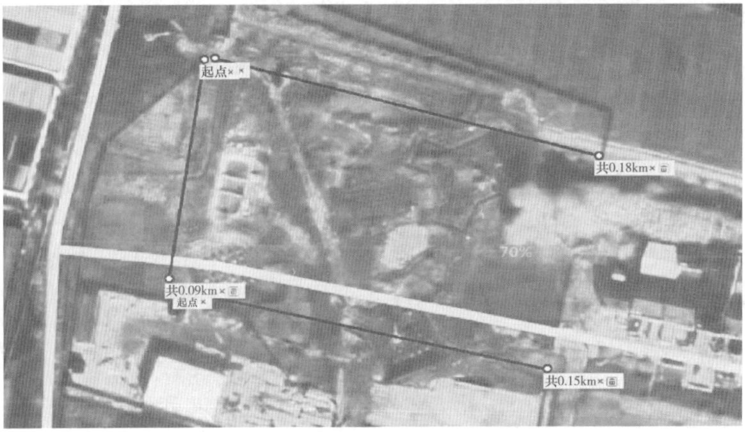

图4-18　T2跨越塔（卫星定位测距）

图4-19　T2跨越塔现场河道宽度测量

图4-20　T2跨越塔现场河道回填深度、淤泥深度测量

经确认，T2跨越塔南河道长147m、宽13.5m、淤泥深0.7m、淤泥面至自然地面高度为1.65m，回填深度为2.35m；北河道长161.5m、宽11m、淤泥深0.8m、淤泥面至自然地面高度为1.6m，回填深度为2.4m；西河道长97m、宽6m、淤泥深0.8m、淤泥面至自然地面高度为1.6m，回填深度为2.4m。由此确认清淤工程量合计为3275.95m^3，回填砖渣工程量为10323.98m^3。

北边河道长16m、宽7.5m、深度2m，并排埋设两根直径1m的混凝土涵管。由此确认涵管埋设长度为32m、回填砖渣工程量为214.88m^3；进场道路埋设2根直径为0.25m的PVC管道，埋设长度28m；围挡外侧开挖排水沟宽1m、深1m、350m，开挖工程量为350m^3。

北岸锚塔场地河道宽2m、深2m，埋设1根直径为0.8m的混凝土涵管，长度为60m，回填砖渣工程量为209.86m^3。

最终结算送审金额433.22万元，内审审定价为83.41万元，核减349.82万元，核减率为81%。其中，实际工程量与报审工程量有偏差，核减191万元，根据信息价调整回填材料单价，核减39万元，回填工作定额调整，核减89万元。其他材料价格调整，核减30万元。

（4）配合农民工工资支付专项检查。配合建设管理单位完成第二、三季度的农民工工资支付检查工作，发现第三季度的《农民工实名制工资信息报审表》与《农民工工资支付表》均存在内容填写不完整情况，实名制资料附件抽查发现一人用工合同信息有误，经整改相关内容已补充完整，用工合同已重新签订。

（5）结算阶段。长江大跨越段（基础部分）结算主要审核情况见表4–20。

表4–20　结算审核统计表

项目名称	送审金额（万元）	审核金额（万元）	审减金额（万元）	核减比例（%）
长江大跨越段——基础部分	12729.1256	10332.7406	2396.3850	18.83
长江大跨越段——河道改造	436.7655	177.9478	258.8177	59.26
合计	13165.8911	10510.6884	2655.2027	20.17

第五章

电网工程全过程造价咨询标准化研究

本章主要介绍全过程造价咨询工作试点过程探索实施的造价标准化手段，包括推行500kV输变电工程标准化工程量清单，建立变电站工程乙供设备材料价格库，开展招标限价与中标价、结算价与合同价等多环节的对比分析，开展地基处理等专项工程的造价分析，应用造价全流程管控卡，建立全过程造价标准化档案等内容。

第一节 推行500kV输变电工程标准化工程量清单

目前，500kV输变电工程工程量清单由其负责的设计单位编制，存在清单编制标准不统一、深度不一致、水平有偏差等问题，为此，在全过程造价咨询试点过程中开展了标准化清单研究工作。标准化工程量清单从标准化招标工程量清单总说明、标准化项目划分、标准化清单子目组成及选用、标准化清单工程量、标准化措施项目等多方面对施工招标质量进行严格规定，能够有效提高施工招标工程量清单编制的效率、统一性和准确性，减少结算时出现的漏项、调价等情况。同时，通过施工结算经验的积累不断完善标准化清单，持续提高招标工程量清单编制的质量。500kV变电站新建工程标准工程量清单——建筑分部分项，扫描右侧二维码可下载。

500kV变电站新建工程标准工程量清单——建筑分部分项

一、统一标准化清单编制范围

标准化清单编制范围包括变电站土建工程和变电站电气安装工程，其中变电站土建工程包括地基处理、站内道路、电缆沟、站区绿化、建筑物及防雷接地、构支架及设备基础、防火墙、事故油池改造、给排水系统、暖通系统、室内动力照明、水喷雾灭火系统、火灾报警系统扩容等。变电站电气安装工程包括全站接地，一、二次设备安装及调试（含单体、分系统、特殊项目调试、整站启动调试），全站电缆安装（含电缆吊支架），电缆防火，室外动力照明，电能表等。

二、规范招标工程量清单总说明

招标工程量清单总说明中除包括工程概况、招标范围、编制依据等常规内容外，还须对土石方周转、脚手架搭拆措施等容易产生争议的工作进行说明。

三、明确项目划分区间

标准化清单以《变电工程工程量计算规范》（以下简称“清单计算规范”）为依据进行项目划分，对以往因编制人理解不同造成的项目划分差异进行统一，例如将屋面防水项目中防水卷材及涂膜单独列项，通信系统中业务接入、割接单独列项。

四、固定清单子目归属及工作内容

标准化清单各项目中罗列的清单子目为该项目下常规应当包括的清单内容，可作为核对清单是否漏项的参考标准。标准化清单以清单计算规范为依据进行清单子目划分，对容易产生理解差异的清单子目内容进行了统一，例如为了减少重新组价，约定静电地板支架单独列项，不含在静电地面地板项目中。

需说明的是，标准化清单中的清单子目主要呈现工程的现行常规做法，编制招标工程量清单时应结合工程实际情况选择使用。如屋面、道路、电缆沟、预埋管、装修等工作在不同工程中施工方式存在差异，应具体根据施工图要求，参考标准化清单进行选用。

五、标准化清单工程量

（1）标准化清单工程量按常规设计方案考虑，应用时仅供参考，实际工程量应以施工图为准。

（2）钢结构工程、墙体工程、门窗工程、地面工程、屋面工程、照明、给排水、暖通、电缆沟、站区道路、大门、围墙地面以上部分、室内外消防管道、消防器材等项目，各工程差异较小，编制招标工程量清单时应根据施工图计算工程量。其中，工程是否设置女儿墙对外墙板工程量有较大影响，应用标准化清单时应注意调整工程量。

（3）由于工程特点，不同工程的事故油池、消防泵房与水池的设计尺寸会有一定差异，但差异较小，编制招标工程量清单时应根据施工图计算工程量。

（4）由于室内外沟道、设备基础、围墙基础、全站接地需要深化设计，各工程差异较大，编制招标工程量清单时应根据施工图计算工程量，其中电缆沟道需考虑预埋螺栓，主变压器区域需考虑卡扣式电缆沟盖板。

（5）由于工程差异，各工程的土方、地基处理、建筑物基础、混凝土零星构件、预埋件、过路埋管、场地绿化（包括砂石化）、挡土墙、进站道路、站外排水、站外水源、场地平整工程量差异较大，编制招标工程量清单时应根据施工图计算工程量。

六、措施项目内容

施工降水、基坑支护、现场人员管理系统摊销费、GIS无尘化施工措施、现场视频接入及风险作业监控平台视频接入在措施项目清单中计列。

七、专业工程暂估价

标准化清单中所列专业工程暂估价仅供参考，应用时以工程实际情况为准。

八、暂列金额

暂列金额根据建管单位要求计入。

九、材料、工程设备暂估单价

标准化清单中材料、工程设备暂估单价执行公司相关要求和标准。

第二节 建立变电站工程乙供设备材料价格库

针对变电站土建工程乙供材料、设备种类繁多，施工过程中变化情况多，不同品牌间存在明显价格差异等问题，为规范同类材料的价格区间，在全过程造价咨询工作推进过程中整理了乙供设备及材料价格库。该价格库按照规格、产地、年份录入了已经完成结算的变电站土建工程核价单中的材料及价格数据，对所有已结算的乙供材料按照建筑、安装共计18个类别分类统计，其中建筑类分为门窗类、沉降观测点、绿植、涂料、地面做法、砖石材料、混凝土制品、雨污水盖板、土方9个分类子项，安装类分为电缆、阀类、金属型材、柜、灯具、线槽、智能化、消防、通风9个分类子项，目前已收集1000余项材料价数据。建筑部分、安装部分乙供设备及材料价格库分别见表5–1、表5–2。

价格库一方面有利于设计单位或清单编制单位在施工图预算编制和清单编制阶段快速了解到已结算的材料价格和市场行情；另一方面，有利于建设管理单位快速查找已投产工程的材料结算价格，提升在建工程核价工作的工作成效，提高工程造价控制的准确性。

表5–1　　建筑部分乙供设备及材料价格库（节选）

序号	物资名称	规格/型号	产地/品牌	单位	不含税单价（元）	核价年份（年）
一、门、窗、雨棚及各类装饰装修材料						
1	钢质门	1500mm × 2400mm/1800mm × 2700mm	—	m^2	2650	2021
2	双开钢质门	—	上海汤臣	m^2	1845	2021
3	不锈钢平开门	2400mm × 2700mm	苏州	m^2	2200	2020
4	钢板门	1500mm × 2400mm	上海	m^2	1680	2020
5	拉手	不锈钢	南通	套	450	2021
6	逃生锁	—	南通	套	1280	2021
7	应急疏散标志（LED）	飞利浦	上海	m	280	2020
8	订制绝缘PVC栏杆	—	无锡	m	800	2021
二、沉降观测点						
1	沉降观测点	—	无锡	套	650	2021
2	沉降观测点保护盒	—	—	个	96	2021
3	沉降观测点（含不锈钢盒、不锈钢铭牌）	150 mm × 150 mm 不锈钢盒	—	套	450	2020
4	沉降观测点标识牌	不锈钢	苏州	套	180	2020
5	沉降观测点	不锈钢	苏州	个	450	2020
三、绿植						
1	品种月季	—	—	棵	21	2020
2	场地绿化	—	常州	m^2	26	2021
3	绿化乔木	海桐球直径1.0m	—	棵	600	2021
4	绿化草籽	—	—	m^2	25	2021
5	观景石	—	—	块	2800	2021
6	草皮	天堂	—	m^2	32	2021
7	绿化取水口	屋外场地	定制	元/只	286	2021
四、涂料等						
1	内墙乳胶漆	建筑物	—	m^2	50	2021

续表

序号	物资名称	规格/型号	产地/品牌	单位	不含税单价（元）	核价年份（年）
2	无机内墙涂料	立邦	—	kg	30	2021
3	外墙弹性涂料	SKK	上海	m^2	120	2020
4	外墙真石漆	华尔士	佛山	m^2	180	2020
5	防水隔气层	1.5 mm厚	—	m^2	53	2021
6	聚氨酯	2 mm厚	—	m^2	78	2021
7	SBS卷材	4 mm厚	—	m^2	144	2021
8	浅色涂料保护层	屋面	—	m^2	78	2021
五、地面做法						
1	防静电地板	600 mm × 600 mm	电盾	—	840	2020
2	防静电地板支架	镀锌	—	—	580	2020
3	防静电地板	600 mm × 600 mm / 500 mm × 600 mm / 500 mm × 500 mm / 500 mm × 400 mm / 400 mm × 600 mm	宏辰	m^2	2500	2021
4	水泥钢屑地坪	—	—	m^2	200	2021
5	防静电地板	600mm × 600mm/ 500mm × 600mm/ 500mm × 500mm	—	块	310	2021
六、砖石材料						
1	高程点大理石	—	南通	个	1000	2021
2	干粘石	白色	—	m^2	150	2021
3	胶凝石饰面	30厚	—	m^2	368	2021
4	胶粘石	红色	—	m^2	360	2021
5	花岗岩路缘石	10 mm × 25 mm × 100 mm	—	m	65	2020
6	花岗岩石材	白麻	—	m^2	365	2021
7	过门石	天然	云南	m	210	2020
8	美缝	墙、地砖	—	元/m	30	2021
七、混凝土制品						
1	成品混凝土雨水口	—	—	座	660	2021

续表

序号	物资名称	规格/型号	产地/品牌	单位	不含税单价（元）	核价年份（年）
2	挤塑板	欧文斯，40 mm	上海	—	1650	2020
3	镜面黑模板	20 mm	宿迁	m^2	62	2020
4	聚丙烯抗裂纤维	混凝土内	—	kg	25	2020
5	清水混凝土保护液	拉花清水保护液	—	m^2	265	2021
6	清水混凝土保护帽	构支架		m^2	650	2020
7	透水混凝土	站前广场	—	m^2	290	2021
8	清水混凝土路灯基础	D400		个	230	2020
八、雨污水盖板						
1	电缆沟预制盖板			m^2	540	2021
2	成品电缆沟盖板	镀锌角钢包边		m^2	398	2020
3	镀锌花纹钢盖板			m^2	650	2021
4	成品电缆沟盖板	1700 mm × 500 mm	南京	m^2	500	2020
5	不锈钢鹅卵石井圈			个	650	2021
6	电缆沟橡胶条	圆条		m	18	2020
7	电缆沟盖板橡胶条			m	18	2021
8	检查井座、盖	场地		座	480	2021
九、土方类						
1	外购土方			m^3	40	2020
2	绿化种植土			m^3	65	2021

表5-2　　安装部分乙供设备及材料价格库（节选）

序号	物资名称	规格/型号	产地/品牌	单位	不含税单价（元）	核价年份（年）
一、电缆						
1	感温电缆		秦皇岛	m	95	2021
2	电缆	3 × 95+1 × 50	无锡	m	233	2021
3	动力电缆	ZR-YJV223 × 95+1 × 50	江苏	m	191	2021
4	电话电缆	2 × 1.5室内		m	6.25	2021

续表

序号	物资名称	规格/型号	产地/品牌	单位	不含税单价（元）	核价年份（年）
5	电缆	NH-KVVP2/22-4 × 1.5 站内		m	17.5	2021
二、阀类						
1	盒式直埋手动闸阀	DN250	上海	台	6300	2021
2	弹性座封闸阀	DN250	上海	台	3100	2021
3	信号蝶阀	DN250	福建	台	2900	2021
4	静音式止回阀	DN200	上海	台	1750	2021
5	橡胶瓣逆止阀	DN250	上海	台	2600	2021
6	泄压阀	DN200	上海	台	3200	2021
7	雨淋阀组	DN200	福建	台	31000	2021
8	防火阀	建筑物	厂家定制	台	2200	2021
三、金属型材						
1	不锈钢检查口			只	350	2021
2	不锈钢边框	1 mm厚拉丝s304		m	650	2021
3	不锈钢伸缩缝	s304		m	600	2021
4	不锈钢防水压条	20 mm × 30 mm	无锡	m	280	2020
5	避雷墩子			个	100	2021
6	避雷支架	40 mm × 4 mm		只	30	2021
7	定温电缆支架	固定用		套	45	2021
8	不锈钢水雾喷头	DN15	福建	个	138	2021
四、柜						
1	柜机（来电自启）	KFR-120LW/(12568S) NhAc-3	格力	台	3800	2021
2	排污泵控制柜	户外型304不锈钢 600 mm × 1200 mm × 400 mm	无锡	台	8860	2021

续表

序号	物资名称	规格/型号	产地/品牌	单位	不含税单价（元）	核价年份（年）
3	屏柜		秦皇岛	面	8750	2021
4	柜式空调	KFR-120LW		台	12200	2021
5	柜式空调	防爆		台	22000	2021
6	主控室照明动力配电柜		施耐德电气	台	48235	2021
五、灯具						
1	壁灯（事故照明）	配20W LED灯	广东	盏	356	2020
2	集成吸顶灯（LED）	飞利浦	上海	套	850	2021
3	LED格式灯	600 mm × 600 mm		套	280	2021
4	防水防尘壁灯	配20W LED壁灯	广东	盏	368	2021
5	防水防尘灯	90W	上海	套	290	2017
6	射灯	配13W，2U节能灯		套	280	2020
7	智能型应急照明灯	36V，2 × 6W，LED，自带蓄电池	海湾	盏	590	2021
8	安全出口指示灯	飞利浦	上海	套	260	2020
六、线槽						
1	不锈钢槽盒	304		m	300	2021
2	铝合金灯槽	光带	上海	m	220	2020
3	灯线槽			m	226	2021
4	铝合金灯带槽盒	飞利浦		m	758	2021
七、智能化						
1	防爆型感烟探测器	建筑物		只	985	2021
2	短路隔离器		秦皇岛	只	130	2021
3	户内检修电源箱	PZ30，700 mm × 500 mm × 120 mm 双层不锈钢门	无锡	台	5800	2021
4	警铃		秦皇岛	只	225	2021

续表

序号	物资名称	规格/型号	产地/品牌	单位	不含税单价（元）	核价年份（年）
5	超声波液位计	4～20ma	上海	台	17800	2021
6	压力检测装置	UZ-JF-YL	无锡	个	2450	2021
7	污水处理一体设备	场地		座	108750	2021
8	减震器		上海	只	420	2021
八、消防						
1	消防报警主机柜	建筑物		只	48500	2021
2	消防应急灯具专用应急电源	HW-D-0.3KVA-NF12	海湾	台	7900	2021
3	地上式消火栓	SS100-65	福建	台	3800	2021
4	消防水带	8-65-25	泰州	根	230	2021
5	消防水泵	90kW	上海	台	48000	2021
6	消防双电源控制柜	YBK-AST-400A	上海	台	28500	2021
7	ABC 5kg式干粉灭火器	室内		具	650	2021
8	火灾报警控制器	GST-5000	河北	台	90000	2021
九、通风						
1	风机电源箱	PZ30-700×500×120双层不锈钢门	无锡	台	6600	2021
2	不锈钢风机罩	施耐德	苏州	套	680	2020
3	轴流风机	WEX-450D4	常州	台	3500	2020
4	风机智能控制箱	1FJ/2FJ		台	4800	2021
5	风机罩	建筑物		只	880	2021
6	边墙式方形不锈钢轴流风机	建筑物	厂家定制	台	4058	2021
7	不锈钢通风口	建筑物		台	800	2021
8	风口	建筑物	厂家定制	台	310	2021

第三节

开展多环节造价对比　加强造价管理力度

根据全过程造价咨询确定的重点内容，工程建设过程中需开展多环节的造价分析对比，如招标限价与中标价对比分析，结算价与合同价、概算价对比分析等，充分挖掘造价数据价值，实现造价管理闭环提升。

一、中标价与招标限价对比分析

在500kV沿海输变电工程二施工招标完成后，建设管理单位组织造价咨询单位开展了中标价与招标控制价的对比分析工作，提前掌握差异较大的分部分项，明确风险防控点，在施工过程中提前开展沟通协调工作，减少后期结算争议。

该工程施工费用总报价中标下浮率为1.05%，所包含的间隔扩建工程、变电站新建工程、线路工程三个单体工程中标下浮率分别为4.74%、0.87%、1.22%，见表5-3。

表5-3　　沿海500kV输变电工程二——中标价与招标限价

序号	工程项目	投标报价（万元）	招标控制价（万元）	对比控制（万元）	中标下浮率（%）
1	间隔扩建工程	211.73	222.27	10.54	4.74
2	变电站新建工程	15951.40	16091.23	139.83	0.87
3	线路工程	11154.97	11293.12	138.15	1.22
合计		27318.10	27606.62	288.52	1.05

进一步分析变电站新建工程的具体费用，建筑工程费和安装工程费对比情况分别见表5-4和表5-5。

表5-4　　沿海输变电工程二——变电站新建工程建筑工程费对比

序号	分项名称	计量单位	工程量	投标综合单价（万元）	控制价综合单价（万元）	较控制价单价差额（万元）	浮动率（%）
1	室内混凝土沟道、隧道（1100mm×1000mm）	m	430	832.41	70.39	762.02	1082.57
2	室外坡道、散水	m^2	20.6	266.47	45.01	221.46	492.02
3	围墙大门	m^2	12.6	11990.14	2101.22	9888.92	470.63
4	屋面排水	m^2	3064	16.66	3.66	13	355.19
5	室外坡道、散水	m^2	14.4	266.47	60.02	206.45	343.97
6	屋面排水	m^2	3094	16.66	3.84	12.82	333.85
7	预埋铁件	t	33	9792.02	2388.05	7403.97	310.04
8	窗（百叶窗）	m^2	1.44	945.32	242.16	703.16	290.37
9	电线管	m	1000	45.82	11.9	33.92	285.04
10	外墙面装饰（一体板）	m^2	409.5	780.21	213.66	566.55	265.16
11	室内消防水管道	m	30	277.46	1023.58	−746.12	−72.89
12	钢管构支架	t	23.848	3065.95	11366.22	−8300.27	−73.03
13	井、池	座	2	7203.68	27454.62	−20250.94	−73.76
14	室内消防水管道	m	5	114.43	464.09	−349.66	−75.34
15	通风及空调	m^2	39	22.83	119.44	−96.61	−80.89
16	屋面细石混凝土刚性防水	m^2	198	75.75	610.48	−534.73	−87.59
17	钢管构支架	t	2	1155.58	9900.75	−8745.17	−88.33
18	单联单控暗式开关	只	1	60.5	569.01	−508.51	−89.37
19	三相暗式插座	只	2	61.85	582.69	−520.84	−89.39
20	变压器油池油箅子	m^2	0.5	345.27	8029.1	−7683.83	−95.70

建筑工程中单价上浮较大的分项工程有室内混凝土沟道（1082.57%），室外坡道、散水（492.02%），围墙大门（470.63%），屋面排水（355.19%）；下浮较大的分项工程有变压器油池油箅子（−95.70%），钢管构支架（−88.33%），屋面细石混凝土刚性防水（−87.59%）。

表5-5　沿海输变电工程二——变电站新建工程安装工程费对比

序号	分项名称	计量单位	工程量	投标综合单价（元）	控制价综合单价（元）	较控制价单价差额（元）	浮动率（%）
1	500kV站控层交换机柜	块	1	15257.77	560.89	14696.88	2620.28
2	二次安全防护设备柜（站内）	块	1	11986.68	560.89	11425.79	2037.08
3	220kV继电器室站控层交换机柜	块	2	7888.7	560.89	7327.81	1306.46
4	SF_6气体试验	站	1	96236.15	8046.84	88189.31	1095.95
5	500kV保护通信接口装置柜	面	2	4411.72	703.99	3707.73	526.67
6	主变中压侧及站外电源关口电能表柜	块	1	13441.88	2750.26	10691.62	388.75
7	1kV及以下电力电缆	m	200	182.89	38.39	144.5	376.40
8	综合应用服务器柜	块	1	2598.57	560.89	2037.68	363.29
9	通信监控设备	台	1	4737.84	1350.13	3387.71	250.92
10	带形母线	m	22	374.21	108.47	265.74	244.99
11	互感器局部放电试验	台	15	1547.7	5175.9	−3628.2	−70.10
12	网络设备	台	1	5432.34	18528.11	−13095.77	−70.68
13	电力调度程控交换机——录音维护	架	1	547.2	2610.96	−2063.76	−79.04
14	保护故障信息系统调试	站	1	2040.46	10153.99	−8113.53	−79.90
15	试运专项测量	站	1	55241.14	295675.18	−240434.04	−81.32
16	电缆保护管	m	4000	14.69	78.75	−64.06	−81.35
17	分线设备	个	24	153.38	838.27	−684.89	−81.70
18	接地母线	m	2300	17.68	115.47	−97.79	−84.69
19	支柱绝缘子	个	2	269.22	3395.04	−3125.82	−92.07
20	网络打印机	台	2	36.73	560.89	−524.16	−93.45

安装部分单价上浮较大的分项工程有500kV站控层交换机柜（2620.28%），二次安全防护设备柜（2037.08%），220kV继电器室站控层交换机柜（1306.46%），SF_6气体试验（1095.95%）；下浮较大的分项工程有支柱绝缘子（–92.07%），接地母线（–84.69%），电缆保护管（–81.35%），试运行专项测量（–81.32%）。

此外，施工降水费用投标报价约90万元，超过限价约50万元，上浮225%。

根据上述分析，施工总承包单位在投标报价中存在不平衡报价现象。针对特征描述不完整的项目，其综合单价高于正常合理单价，施工过程中应督促施工单位严格按照图纸、标准、规范及项目特征描述做法进行施工，如未执行相应的标准做法，结算时应重新组价；针对项目特征完整，但是其综合单价低于正常合理单价的，施工过程中应严格控制其设计变更及工程签证发生。

二、结算价与合同价、概算价对比分析

以沿海输变电工程三的桩基工程分部结算为例，造价咨询单位在该分部结算过程中发现审定结算价与投标价存在较大差异，因此建设管理单位组织开展桩基分部结算价与概算价、合同价的对比分析工作。

分析审定结算价与合同价差异时，发现偏差产生的主要原因是部分子目工程量的减少，其中咨询单位现场驻点人员发现“钢护筒”和“水泥搅拌桩（桩径600mm）”两条子目在实际施工时并未实施，结算时对两项费用进行扣除，核减金额248.61万元。

分析审定结算价与概算价差异时，发现概算中灌注桩的工程量比结算审定工程量多676.66^{2}m，金额却比结算金额少1375.14万元，主要原因是概算中“灌注桩”的价格水平偏低（详见第四章第三节）。

开展“三价”的对比分析工作，一方面充分利用造价驻点人员收集的现

场数据和影像资料，确保了分部结算的准确性。另一方面能够及时发现引起费用偏差的重点因素，作为其他工程初步设计概算审核的控制重点，避免此类情形重复发生。

第四节 开展专项工程造价分析　提升造价管控精度

全过程造价咨询试点过程中，建设管理单位联合造价咨询单位开展了消防设施、基坑支护、地基处理和巡视小道等多类专项工程的造价分析工作，极大提高了造价管理的精细程度。专项工程造价分析工作主要从常用方案、现状问题等方面分析费用问题，并从设计、招投标、现场管理等方面提出管理建议。这一工作虽然暴露了部分以往工程在造价管理中的漏洞，但是提出了涉及同类问题的解决方案，进一步挖掘了造价管控的空间。

一、消防工程造价分析

变电站消防工程主要包括防火封堵、火灾报警、特殊消防等。某新建工程火灾报警系统批复概算、合同金额与结算金额对比情况和结算清单分别见表5–6和表5–7。

表5–6　火灾报警系统对比分析表　（元）

项目名称	概算金额	合同金额（专业工程暂估价）	结算金额	合同金额–概算金额	结算金额–概算金额	结算金额–合同金额
火灾报警系统	100000	185300	399585	85300	299585	214285

表5–7　　火灾报警系统结算清单明细

项目名称	工程量	计量单位	项目名称	工程量	计量单位
火灾报警控制主机	1	台	模块箱	15	个
火灾报警控制器	1	台	定温电缆终端盒	15	个
消防电话总机	1	台	定温电缆输入模块	15	个
手动控制盘	1	台	105℃感温电缆（屏蔽型）	4000	m
接线端子箱	7	个	多线控制模块	13	个
消防电话分机	6	个	输入模块	12	个
火灾显示盘	7	个	主变压器模块箱	6	个
短路隔离器	21	个	主变压器定温电缆终端盒	12	个
感烟探测器（智能型）	58	个	主变压器定温电缆输入模块	12	个
感烟探测器（防爆型）	4	个	105℃感温电缆（户外型）	2100	m
带电话插孔的手动报警按钮	12	个	屏蔽阻燃信号电缆ZRN–RVSP–2×1.5	1100	m
火灾声光报警器	7	个	电源线ZBN–BV–2.5	1000	m
输入/输出模块	40	个	网络通信线ZBN–RVSP–2×1.5	1000	m
防爆隔离箱	2	个	控制线ZRN–KVVP–4×2.5	500	m
齐纳安全栅	4	个	镀锌钢管DG20	700	m
地址编码器	4	个	镀锌钢管DG32	150	m
终端电阻	4	个	镀锌钢管DG50	100	m

该项目火灾报警系统概算金额为10万元，合同金额为18.53万元，较概算金额增加8.53万元；结算金额为39.9585万元，较合同金额增加21.4285万元。通过分析量价差异发现，概算文件深度不够，招标清单开列的火灾报警系统暂列费用偏低，设计单位设计的招标图纸与竣工图纸偏差较大。

因此，从全过程造价管理角度提出以下建议：

（1）设计单位招标时期应出具备施工条件的图纸资料，图纸深度应满足招标清单编制需求，竣工图纸与招标图纸不宜偏差较大，如有特殊要求，应履行相应设计变更程序，不得擅自提高设计标准。

（2）招标清单编制单位在编制清单时如具备开列详细清单子目条件，应开列清单子目。无详细招标图纸，不具备开列清单子目时，应按常规设计暂列一笔费用，此费用应尽可能参照同期、同地区、同电压等级已结算项目费用开列。

（3）施工单位应履行合同约定，对“暂估价中的专业工程，按竣工图计算工程量，竣工图未明确具体工作量的须经监理人审核，报业主项目部，由发包人批准。”施工单位对暂估价材料应提供物资采购支付凭证及三家以上供应商询价依据，并签署暂估价认质核价单。

（4）新增单价方面，建设管理单位、监理单位和造价咨询单位应依据合同约定完成装置性材料单价审核工作：“工程量清单中无适用或类似子目的单价且信息价缺价的，由承包人根据变更工程资料、计量规格、计价办法和通过市场调查取得合法依据的市场价格和承包人报价折扣率提出变更工程项的单价，报发包人确认后调整。承包人报价折扣率=中标价/投标最高限价 ×100%”，避免施工单位报送单价高估冒算。

二、基坑支护造价分析

基坑支护是指为保证地下结构施工及基坑周边环境的安全，对基坑侧壁及周边环境采用的支挡、加固与保护措施。对线路工程基坑支护所涉及的钢管及钢围檩支撑、钢板桩等内容开展造价分析。

钢支撑、钢围檩安拆合同工程量为681.23t，报审工程量为1896.32t，结算工程量为1356.36t，送审单价等于合同单价。由于线路路径及设计方案调整，造成工程量大幅度增加，远超合同工程量的15%，因此，需要确定钢支撑工程量的准确性及超合同工程量15%以外结算单价的合理性。

对于钢支撑工程量，经查阅招标图纸，核实招标阶段无节点大样做法，施工过程中由设计单位补充出具，如图5–1所示。项目基坑深度约5.5m，应为风险级别较低的基坑支护工程，图纸设计的施工做法烦琐，从成本节约和合理性角度考虑，存在设计做法浪费的可能。此外，经现场监理确认，现场实际施工做法（如图5–2所示）与节点大样做法严重不符，节点处现场采用对焊拼接，且施工图中需要进行加肋处理的钢板加固均未施工，因此此部分工程量全部核减。

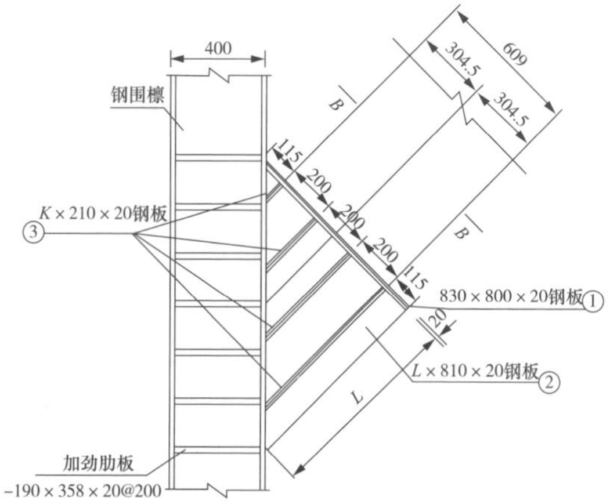

图5–1　钢支撑、钢围檩图纸

图5–2　现场实际施工做法

对于结算送审单价，钢支撑、钢围檩合同单价为4767.8元/t，施工单位按永久式使用报价，由于本项目钢支撑、钢围檩为临时搭设，拆除后材料可重复利用，经调研其市场常规单价约为1600元/t（3个月内），含材料租赁费、搭设安拆费，因此按照《输变电工程工程量清单计价规范》（Q/GDW 11337—2014）中关于工程量偏差的处理原则，对超合同工程量15%的部分按照租赁摊销方式重新组价并按中标优惠率下浮，最终单项核减率约40%。

通过基坑支护工程造价分析，提出以下管理建议：

（1）设计图纸应在保证设计质量的前提下考虑成本经济，降低因设计浪费造成的成本增加风险。

（2）现场管理中监理单位需督促施工单位严格按图纸施工，并对关键工序进行影像记录，作为签证工程量及事实确认的佐证材料，避免签证内容虚假情况的发生。

三、地基处理造价分析

在软弱土层上建造建（构）筑物时，天然地基强度往往不能满足设计要求，未经人工加固处理无法在上面修筑基础和建筑物，因此需采取措施进行地基处理。软弱地基主要指由淤泥、淤泥质土、冲填土、杂填土或其他高压缩性土层构成的地基，具有沉积时间短、含水量高、压缩性高、抗剪强度低、灵敏度高、承载力小的特点。

因地基属于隐蔽工程，在地质勘测时容易发生勘误或局部区域为软弱地基不易发现的情况，尤其线路工程跨度长，可能出现多种地质情况，这种不可预见因素容易导致实际施工费用的增加，从而引起超出概算费用。

常见的软弱地基处理方法主要包括换填法、强夯法、强夯置换法、砂石桩法、振冲法、混凝土搅拌法、高压喷射注浆法等。江苏处于长江三角洲地区，软土主要为淤泥、淤泥质土、泥炭士等，根据历史工程经验，江苏地区电网工程对于软弱地基主要采用换填法（砂石换填、素土换填）、水泥搅拌桩与桩基础配合的处理方案。

1. **换填法**

换填法是指将表层有淤泥、淤泥质土、杂填土及局部沟塘等承载力达不到设计或施工所需的承载力要求的浅层软弱土层进行换填处理，地基换填主要采用砂石换填，表层或无需承载主要采用素土换填。换填法是一种比较简便的工艺技术和施工方法，耗费材料较少，能简单、快速和经济地对浅层地基进行处理。

由于换填属于隐蔽工程，所以是造价控制的重点，往期工程结算中经常发生实际换填工程量相比招标工程量翻几倍的情况，甚至导致超概问题发生。造成换填法工程量及费用偏差的主要原因如下：

（1）地勘资料不准确：地勘常用方法为钻孔法，仅能代表测量点的图纸情况，无法代表整个地基面的地质情况，容易出现偏差，造成实际地质与探测不一致，导致概算少列或者未列换填工程量。

（2）签证内容不真实：由于换填属于隐蔽工程，结算多采用现场签证形式，签证工程量和单价普遍超实际工程量和市场价，若监理、业主未能及时进行换填测量、复核工作，将无法控制签证费用。

（3）不可抗力等因素：若工程建设过程中发生洪水、泥石流、暴雨等自然灾害，设计概算预留的基本预备费往往无法覆盖灾害导致的费用增加，同时为保证项目的正常进行，还会增加防洪渠等批准概算中没有的工程，也将导致成本的增加。

因此，从全过程造价管理角度提出以下建议：

（1）设计单位应提前调研现场，了解项目所在地地基条件，相邻类似项目有无重大换填设计变更以及变更成本等内容，对重点区域、占地面积较大的区域应加强地勘精确度，尽量做到现场情况与实际情况一致。在确保工程质量和功能的前提下，应精心比选设计方案，选择投资最合理的换填方案。

（2）加强隐蔽工程管理，一是在清标过程中需注意砂石换填等隐蔽工程是否存在报价严重偏离市场价格的情况；二是要加强隐蔽工程现场管理，业主、监理应对隐蔽工程及时做好测量、记录等工作并储存影像资料，影像资料需明确基础位置名称并体现测量尺寸。

2. 水泥搅拌桩法

水泥搅拌桩是一种将水泥作为固化剂喷入土体，利用搅拌桩机充分搅拌后使软土硬结从而提高地基强度的方法，适用于处理淤泥、淤泥质土、素填土、软一可塑黏性土、黄土等土层。水泥搅拌桩属于隐蔽工程，主要施工做法分为单轴、双轴和三轴搅拌桩，一般按米结算，由于搅拌桩多为常规标准直径，结算争议多出现在桩长度方面。水泥搅拌桩桩长如图5–3所示。

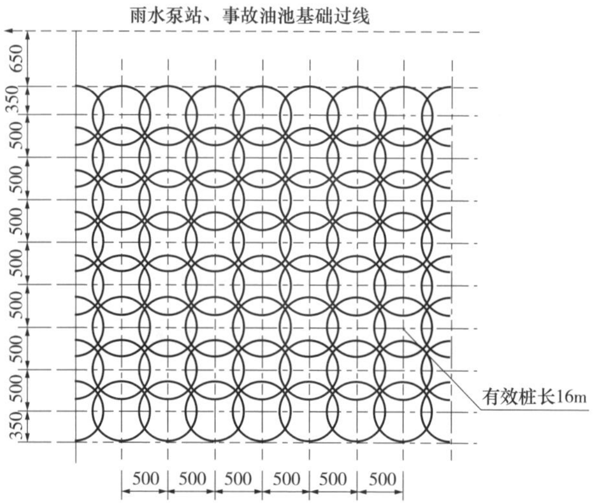

图5–3 水泥搅拌桩桩长

水泥搅拌桩法工程量及费用出现偏差的主要原因如下：

（1）图纸中搅拌桩的深度往往是设计要求到持力层的深度或定尺深度，但由于持力层的深度标高不是统一平面层的，桩基检测报告反映实际深度往往会低于设计深度，造成结算金额较合同金额增加。

（2）部分工程桩基检测属于施工单位承包范围内，桩基检测报告中的桩长真实性存疑。

因此，从全过程造价管理角度提出以下建议：水泥搅拌桩法结算时需结合桩基检测报告，且桩基检测应由第三方机构负责。

3. 桩基础施工法

常见的桩基础包括混凝土灌注桩、预制混凝土桩，灌注桩常用结算单位为“m^3”，预制混凝土桩常用结算单位为“m”。桩基础施工法产生工程量偏差及费用偏差的主要原因如下：

（1）桩长问题（详见水泥搅拌桩）。

（2）灌注桩混凝土截（凿）桩头清单计量单位有时为“m^3”，由于现场实际的超灌长度不一致，易产生现场签证，造成最终结算工程量增加。

（3）招标清单漏项或特征描述不全：预制混凝土管桩抗拔桩在施工工艺上除了压桩、接桩、截桩外，还会产生灌桩芯、桩芯钢筋、钢板等工程量，招标清单中往往缺少对灌桩芯工作内容的描述，从而产生现场签证。CFG桩施工工艺要求在桩顶部加铺300mm厚的级配碎石褥垫层，招标工程量清单中偶尔会遗漏该清单项，造成结算费用增加。CFG桩复合地基示意图如图5-4所示。

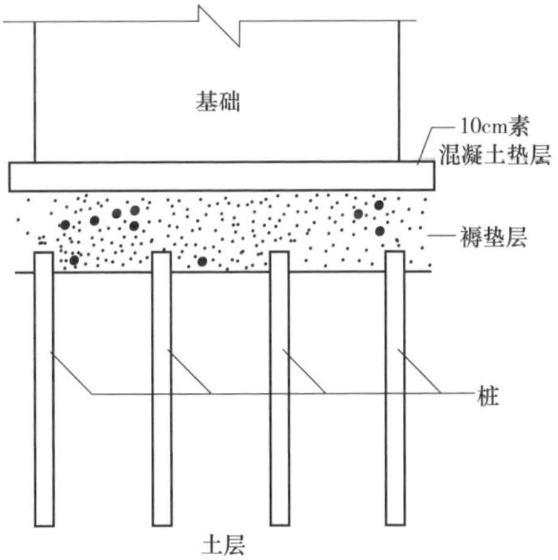

图5-4 CFG桩复合地基示意图

因此，从全过程造价管理角度提出以下建议：

（1）灌注桩混凝土截（凿）桩头清单单位应与国家电网有限公司清单计

价规范保持一致，以“根”为单位，减少结算过程中工程量的计算和签证的产生。

（2）编制清单时应严格按照设计规范、施工图、国家电网有限公司工艺标准，避免出现漏项等情况，预制混凝土如实际有灌桩芯工序，应在清单项目特征中予以描述。

四、变电站巡视小道造价分析

当前500kV变电站多为户外站，站内巡视小道（含巡检平台）工程量较大且结算金额容易超合同金额，为此开展了巡视小道专题造价分析，具体做法及费用明细见表5-8。

表5-8　500kV变电站巡视小道（含巡检平台）施工做法及费用明细

工程名称	工程量（m^2）	结算金额（分部分项工程）（元）	结算单价（元/m^2）	施工做法
工程1	1559.84	864566	554.2	30mm厚彩色石路面，每3m设置一道分隔缝，内镶嵌铜条，石材路缘石； 200mm厚C30混凝土； 100mm厚C15混凝土垫层
工程2	977.64	1013254	1036.4	胶粘石面层，两侧铺花岗岩路缘石； 300mm厚砂石垫层，约200mm厚混凝土垫层内嵌钢筋，100mm厚碎石垫层
工程3	1574.68	544117	345.5	15mm厚火烧板面层，40mm厚砂浆铺设； 200mm厚C30混凝土； 200mm厚1∶1砂石垫层，素土夯实
工程4	1559.84	1004800	644.2	100mm厚C15垫层、190mm厚C20混凝土； 30mm厚胶凝石面层，两侧200高路缘石
工程5	1442.3	290899	201.7	火烧板面层，花岗岩路缘石，侧面混凝土包封； 100mm厚C15混凝土，素土夯实

续表

工程名称	工程量（m^2）	结算金额（分部分项工程）（元）	结算单价（元/m^2）	施工做法
工程6	1241.38	378926	305.3	60mm厚胶粘石，40厚细石混凝土； 200mm厚级配砂石垫层
工程7	1419.07	296779	209.1	面包砖面层，混凝土侧石； 120mm厚C25混凝土垫层
工程8	1026	632461	616.4	120mm厚干粘石面层，红色，花岗岩路缘石，侧面混凝土包封； 100mm厚C15混凝土，素土夯实
工程9	1880	619410	329.5	透水砖（红色）面层； 150mm厚透水混凝土垫层，300mm厚级配碎石垫层； 素土夯实，密实度>0.97； 路缘石：80mm厚M20水泥砂浆找平层，20mm厚M15水泥砂浆，300mm×500mm×120mm C30素混凝土块
工程10	1838.68	1192460	648.5	60mm厚面包砖铺设，两侧铺花岗岩路缘石； 100mm厚1∶1水泥砂浆干料层；150mm厚C30混凝土；300mm厚砂石垫层；150mm厚C15混凝土垫层
工程11	2131.98	941403	441.6	50mm厚水泥砂浆粘贴火烧板面层； 200mm厚C15垫层； 100mm厚砂石
工程12	1620.41	516179	318.5	火烧板面层，花岗岩路缘石； 150mm厚C20混凝土垫层，素土夯实
工程13	623	369615	593.2	花岗岩面层，两侧铺花岗岩路缘石； 50mm厚1∶3干硬性水泥砂浆结合层，200mm厚级配砂石垫层，100mm厚C25细石混凝土垫层

根据表5-8，巡视小道工程存在的结算问题主要表现在以下几方面：

（1）设计单位在招标阶段一般不出具巡视道路的施工图或图纸设计深度

不足，主要由运检单位制定具体路线后，施工单位实施并将实际做法绘入竣工图进行结算，且无需履行设计变更手续，由此导致较大的设计质量隐患和结算纠纷。

（2）巡视小道常采用特殊材质面层，如火烧板、胶粘石等，由于此类材料无法查询信息价，均采用核价单的形式进行结算，不利于造价管理。

（3）不同工程的巡视道路结算费用差异较大。如表5-8统计的工程中，结算单价为200～1000元/m^2不等，主要原因在于设计做法差别较大。面层设计做法有面包砖、胶粘石、火烧板等；路缘石设计做法有混凝土、花岗岩或无路缘石；基层与垫层设计做法上，工程11和12在使用同一面层的情况下，工程11采用200mm厚C15垫层加100mm厚砂石，工程12则采用150mm厚C20混凝土垫层加素土夯实，未采用砂石垫层，两者结算单价相差123.1元/m^2。

为减少上述问题的发生，建议从设计阶段加强对巡视小道工程的管理，统一道路面层、垫层和基层以及路缘石的设计方案，包括材质、厚度等，在招标阶段需明确施工做法，避免后期设计变更、材料核价等项目管理风险。

第五节 测算内外审合理偏差率

为提高全过程造价咨询单位的工作质量，同时调动其工作的积极性，结合国网江苏电力电网工程结算审核工作特点，将外审审定金额与内审的偏差率作为全造价咨询费的结算依据，在允许的内外审偏差范围内，全过程造价咨询费可全额结算，偏差范围外则需进行比例性考核，因此需要确定合理的内外审允许偏差率。本书统计了近3年完成结算的8项500kV输变电工程的结算送审施工费和概算建筑安装工程费数据，作为内外审合理偏差率的计算依据，具体情况见表5-9。

表5-9　　送审施工费与概算建筑安装工程费统计表

项目	工程类型	建筑安装工程费（万元）	结算送审施工费（万元）	送审施工费占概算建安费比例（%）
输变电工程1	变电站工程	6201	5467	88.16
	线路工程	3921	2264	57.74
输变电工程2	变电站工程	9137	5156	56.43
	线路工程	4106	2271	55.31
输变电工程3	变电站工程	7805	7688	98.50
	线路工程	18583	10614	57.12
输变电工程4	变电站工程	8077	6941	85.94
	线路工程	11322	6573	58.06
输变电工程5	变电站工程	6113	5577	91.23
	线路工程	2052	1371	66.81
输变电工程6	变电站工程	8609	8557	99.40
	线路工程	1754	1155	65.85
输变电工程7	变电站工程	6413	6557	102.25
	线路工程	3108	1744	56.11
输变电工程8	变电站工程	7031	7326	104.20
	线路工程	1653	1283	77.62

因不同工程存在各自建设特点，表5-9中两项费用的统计数据并未表现出特定的关联关系，但从工程投资规模约束看，两者比例存在一定合理区间。根据表5-9，除第2项工程外，变电站工程送审施工费占概算建安费比例范围为88.16%~104.20%，线路工程送审施工费占概算建安费比例为57.12%~77.62%。为便于计算并保留一定裕度，设定变电站工程的合理区间为70%~120%，线路工程的合理区间为50%~90%。此外，定义有以下几个变量：

G——变电站工程概算的建筑安装工程费或线路工程概算的本体工程费；

S——外审结算送审金额；

D——外审结算审定金额；

Z——全过程造价咨询费；

J——外审结算审核费；

β_1——全过程造价咨询单位投标费率；

β_2——外审结算审核单位投标费率；

λ——外审结算审核核减率；

α——全过程造价咨询费考核比例，λ值属于合理偏差范围内，$\alpha=0$。

外审结算审核核减率与外审结算送审金额和审定金额的关系为

$$\lambda=\frac{S-D}{S}$$

根据“新预规”要求与实际管理情况，500kV变电站工程施工过程造价咨询及竣工结算审核费即全过程造价咨询费费率为建筑安装工程费的0.75%，500kV线路工程（不超过300km）为安装工程费的0.4%。

因此，500kV变电站工程的全过程造价咨询费为

$$Z=(1-\alpha\lambda)\times 0.75\%\times G\times\beta_1$$

500kV线路工程的全过程造价咨询费为

$$Z=(1-\alpha\lambda)\times 0.4\%\times G\times\beta_1$$

根据国网江苏电力相关规定，500kV变电站和线路工程的外审结算审核费为

$$J=[0.12\%\cdot S+6\%\cdot\lambda]\times\beta_2$$

假设$\alpha=0$，按照“新预规”规定，仅开展工程竣工结算审核工作时，审核费费率需再乘以0.75系数，可得出以下关系。

对于500kV变电站工程变电工程而言：

$$J=[0.12\%\cdot S+6\%\cdot\lambda]\times\beta_2\leqslant 75\%\times 0.75\%\times G$$

$$6\%\cdot\lambda \leqslant 75\% \times 0.75\% \times \frac{G}{S} \times \frac{1}{\beta_2} - 0.12\%$$

对于500kV线路工程而言：

$$J=(0.12\%+6\%\cdot\lambda) \times S \times \beta_2 \leqslant 75\% \times 0.4\% \times G$$

$$6\% \times \lambda \leqslant 75\% \times 0.4\% \times \frac{G}{S} \times \frac{1}{\beta_2} - 0.12\%$$

根据前期设定，500kV变电站工程的典型$\frac{S}{G}$值为70%～120%，取中位数100%，500kV线路工程典型$\frac{S}{G}$值为50%～90%，取中位数70%。2020～2021年全过程造价咨询单位投标费率β_1为74%～76%，外审结算审核单位投标费率β_2为74%～80%，取β_1典型值为76%，取β_2典型值为80%，可求得对变电站而言：

$$\lambda \leqslant 6.44\%$$

对线路而言：

$$\lambda \leqslant 4.26\%$$

综合上述计算结果并保证一定控制裕度，结合工程实际管理经验，建议控制$\lambda \leqslant 5\%$，即内外审合理偏差率确定为5%。

第六节 应用造价全流程管控卡

为抓牢工程现场造价管理，建设管理单位结合电网工程各阶段建设管理工作实际和全过程造价管理重点，制定了技经全流程管控卡，以促进全过程造价管理相关各方落实责任。

一、可研阶段

在可研审查7日前，组织可研内审会，针对物资利库、拆旧方案是否可行、费用是否落实、停电方案（措施）是否具备可行性等内容进行核实。可研阶段技经管控卡见表5-10。

表5-10　　可研阶段技经管控卡

工作名称	时间	涉及单位				主要内容	完成情况
		设计	施工	监理	造价		
可研估算	可研审查前7日	相关单位是否参与，如参与请打勾				可研内审主要核查包括但不限于以下内容：	
						是否应用“三通一标”	
						核查物资利库、拆旧方案是否可行	
						核查停电方案（措施）、大件运输方案、整站改造过渡方案是否可行	
						核查站址或路径、三跨、改扩建工程接口问题等是否落实	
						核查安全性专篇要求是否落实	
						核查上述项目费用是否落实，确定单一来源设备材料单价、建场费等取费依据	

二、初步设计阶段

在省公司内审会7日前，组织初步设计预审会，针对落实最新消防及运检规范要求、明确桩基和地基处理方案及主要工程量、明确停电计划（过渡）方案及费用等内容进行核实。初步设计阶段技经管控卡见表5-11。

表5-11　　初步设计阶段技经管控卡

工作名称	时间	涉及单位				主要内容	完成标记
		设计	施工	监理	造价		
初步设计预审	省公司内省会前7日	相关单位是否参与，如参与请打勾				初设预审重点核查包括但不限于以下内容：	
						是否落实最新消防及运检规范要求	
						明确桩基和地基处理方案及主要工程量	
						明确停电计划（过渡）方案及费用	
						核查概算工程量与初步设计文件及设备材料清册的一致性，费用计算标准及定额套用的合理性	
						核查环水保、特殊调试、材料价格等各类方案和费用的准确性及计列依据	

三、施工招标阶段

施工招标阶段重点对招标工程量清单进行审查，重点关注降水方式、基坑支护、人员管控系统、脚手架、临设、绿化、巡视小道、装饰装修等项目，形成会议纪要和修改后的工程量清单，进一步开展审查工作。施工招标阶段技经管控卡见表5-12。

表5-12　　施工招标阶段技经管控卡

工作名称	时间	涉及单位				主要内容	完成标记
		设计	施工	监理	造价		
施工图预算内审	初步设计审查意见下达后一个半月内					组织开展施工图预算编制和内审工作	

续表

工作名称	时间	涉及单位				主要内容	完成标记
		设计	施工	监理	造价		
招标工程量清单审查	工程量清单审查时	相关单位是否参与，如参与请打勾				审查招标工程量清单是否出现缺项、漏项，材料设备划分是否准确，最高投标限价是否在审定的同口径施工图预算范围内。加强关键点预控，重点审核包括但不限于以下内容	
						井点降水：项目特征需描述降水方式（如大口径管径降水、轻型井点降水）、井点深度、运行时间（管径降水1根为1套，轻型井点50根为1套），计量单位可按m或根	
						深基坑支护：如钢板桩支护、水泥搅拌桩支护、钻孔灌注桩支护、边坡喷射混凝土等，若无法确定支护方案可列清单由投标人自行考虑，或列专业工程暂估价，上报签证按实结算	
						人员管控系统：是否在施工招标范围内，若在招标范围可列专业工程暂估价，实际施工中上报签证按实结算，或由投标人自行报价但需明确相关参数	
						临设：一般按普通临设摊销考虑，如需采用预制舱或高出平均水平要求的临设，需在招标文件、工程量清单中明确相关要求	
						脚手架：一般按普通钢管脚手架考虑，如需采用碗扣或盘扣脚手架需在概算阶段确定，并在招标文件、工程量清单中体现	
						围墙、沟道、道路、散水：项目特征需注明含伸缩缝	
						绿化：需明确绿化方案和绿化面积，如撒草籽、铺草皮等，若铺草皮需明确草皮的档次、品种、养护要求	

续表

工作名称	时间	涉及单位				主要内容	完成标记
		设计	施工	监理	造价		
招标工程量清单审查	工程量清单审查时					地基处理：需估列砂石换填、混凝土换填、灰土换填的工程量，由于设计阶段无法准确估计实际土质，实际施工时若采用砂石换填，需经过设计、监理等多方见证并留存记录，明确砂石换填的方案并按实绘入竣工图，以竣工图结算	
						土方开挖：需考虑开挖后的土方能否利用，避免土方结算量与招标量相差太大	
						消防、火灾报警、智能辅助系统等主设备，若在施工招标范围内，应明确相关参数。若招标时无法明确参数，可列设备暂估价，按实结算	
						巡视小道：需单独列清单，明确基层材质、厚度，面层材质、厚度，路缘石材质，路面宽度等，并估列面积，计量单位为m^2。若清单中未描述道路宽度，则需提供招标图纸，由投标人根据图纸考虑	
						核对《招标人采购设备材料表》《投标人采购设备材料表》，核查甲、乙供设备材料	
						线路工程需明确是否存在河塘中立塔，若存在需计列河塘措施费，并详细描述河塘的大小、河中立塔的数量	
						线路工程“挖孔基础挖方”应明确余土外运的运距，避免投标人因运距不明无法报价，后期造成签证或结算矛盾	
						线路工程需明确是否采用机械化施工，若采用应在总说明、分部分项清单中描述，避免后期重大签证	

续表

工作名称	时间	涉及单位				主要内容	完成标记
		设计	施工	监理	造价		
招标工程量清单审查	工程量清单审查时					改扩建工程需在总说明中明确安全隔离防护措施，一般采用常规的隔离围栏，若采用彩钢夹心板等造价较高的措施，需明确描述彩钢板的长、宽、厚，岩棉夹心的材质、厚度等	
						厂家技术服务费：可在专业工程暂估价中估列一笔费用，按实结算	
						装饰装修：若无法明确具体参数，可列暂估价，结算时通过核价单按实调整，但核价单价一般偏高。因此建议尽量将参数描述详细，由投标人自行报价，不建议采用暂估价形式。 （1）灯具：若不采用暂估价，需明确具体参数，如是否含支架、支架材质（不锈钢/铝合金）、灯源（LED、荧光灯、卤素灯）、功率、户内/户外等。 （2）门：钢质门需描述防火等级、是否含门套、五金配件要求、闭门器、门锁要求等。 （3）窗：描述型材（铝合金/断桥铝）、玻璃（中空）、是否配纱窗、是否配防盗窗等。 （4）空调：主要需描述功率，但不同品牌和档次间价格差异较大。	

续表

工作名称	时间	涉及单位				主要内容	完成标记
		设计	施工	监理	造价		
招标工程量清单审查	工程量清单审查时					（5）围墙涂料：真石漆/干粘石/镂空围墙；外墙饰面：一体化保温板基层处理抹灰需满足标准工艺要求，若需满铺钢丝网（标准工艺无此项），需在项目特征中说明；饰面：仿砖/仿大理石/仿面砖/仿石材等；中间保温层：需描述材质、厚度、密度，防火等级，防火墙（清水混凝土/清水砖墙/真石漆等）；内墙涂料：乳胶漆/无机涂料。 （6）地砖：玻化砖/釉面砖等，项目特征需描述长度、宽度等	
						若施工存在超出国家电网有限公司标准工艺之外的工艺，清单应明确	

四、施工图设计阶段

设计单位在出版施工图的同时提交招标工程量清单与施工图工程量清单的差异报告，经审核后按要求出具设计变更。差异报告和设计变更及时提交上报。施工图设计阶段技经管控卡见表5–13。

表5–13　　施工图设计阶段技经管控卡

工作名称	时间	涉及单位				主要内容	完成标记
		设计	施工	监理	造价		
施工图设计管理	设计单位出版施工图的同时					提交招标工程量清单（招标施工图）与施工图的差异报告	
						组织审核，出具设计变更	
						差异报告和设计变更备案	

五、建设施工阶段

建设施工阶段管控流程主要如下：

（1）在完成施工图交底5个工作日内，施工单位提交投标工程量清单与施工图的差异报告，经审核后相关单位按要求办理设计变更或现场签证。

（2）工程实施过程中分阶段完成甲供材料清单核对。

（3）现场管理中重点关注容易发生变更及签证的关键点，如井点降水、基坑支护、砂石换填、土方开挖、余土外运等，监理项目部履行职责，做好现场管理。

（4）加强设计变更与现场签证的过程管理，严格执行《国家电网有限公司输变电工程设计变更与现场签证管理办法》，并要求在变更及签证发生当月进行签署并备案，原则上未进行备案的结算时不予考虑。

建设施工阶段技经管控卡见表5-14。

表5-14　　建设施工阶段技经管控卡

工作名称	时间	涉及单位				主要内容	完成标记
		设计	施工	监理	造价		
施工图工程量管理	完成施工图交底5个工作日内					提交投标工程量清单与施工图的差异报告	
						组织审核，出具设计变更	
						差异报告及设计变更备案	
分阶段甲供材料清单核对管理	主设备到货后					完成主设备核对，完成第一批甲供材料梳理（依照供货进度不断补充完善）	
	二次设备到货后					完成二次设备核对，完成第二批甲供材料梳理（依照供货进度不断补充完善）	
	投运前7日内					完成装置性材料梳理，确保甲供材料清单准确、及时供货	

续表

工作名称	时间	涉及单位				主要内容	完成标记
		设计	施工	监理	造价		
乙供材料（设备）核价	施工过程中					核价由业主项目部组织，相关单位共同会签	
进度款支付管理	施工过程中					确保工程进度款的支付节点与比例符合施工合同约定	
						确保按施工合同扣除质量保证金、预付款等费用	
						确保安全文明施工费单独拨付	
签证变更关键点管理	日常管理重点	相关单位是否参与，如参与请打勾				现场管理重点关注包含但不限于以下要点	
						井点降水	
						基坑支护	
						砂石换填	
						土方开挖	
						余土外运	
设计变更	审批报备要求					按权限批准或上报设计变更，发生当月进行签署并备案，未备案的结算不予考虑	
						审查变更费用估价的准确性	
现场签证						按权限批准或上报现场签证，发生当月进行签署并备案，未备案的结算不予考虑	
						审查签证费用估价的准确性	
隐蔽工程及工程量确认	施工过程中	相关单位是否参与，如参与请打勾				隐蔽工程包含但不限于以下要点	
						变电站地基验槽	
						变电站砂石/毛石/灰土换填	
						线路河塘措施（如需）	
						线路泥浆外运（如需）	

续表

工作名称	时间	涉及单位				主要内容	完成标记
		设计	施工	监理	造价		
隐蔽工程及工程量确认	施工过程中					线路开挖地质（如需）	
						线路交叉跨越机耕路（如需）	
						其他签证需要确认的工程量	
农民工工资支付管理	工程开工前					填报《农民工实名制工资信息报审表》并将所有农民工信息录入“e安全”信息系统	
	工程开工后					开设农民工工资专用账户	
	每月					人工费用及时足额拨付至农民工工资专用账户	
						审核工资支付信息和“e安全”人员信息，审批《农民工工资支付表》	
安全质量巡查	施工过程中					汇总安全质量二级巡查问题罚款，在工程进度款支付和工程结算环节予以扣除（建设电安〔2021〕01号）	

六、工程结算阶段

工程结算阶段技经管控卡见表5-15，工程结算阶段管控流程主要如下。

（1）执行结算资料送审前审核会签制度。

工程投运1周内，施工单位向业主项目部报送施工结算资料以及结算资料与投标工程量清单的差异报告一式四份，资料提交一周后组织施工结算资料会审会议，针对施工结算资料结算资料与投标工程量清单的差异报告进行审核。会签审核会召开1周内，提交根据会签审核意见完成修改的结算资料、审核会纪要及会签表。

工程投运后1个月内，组织完成结算资料会审会议并送外审。审核会签后的工程结算书方可报结算审计单位进行最终结算价格审计，未经审核会签的结算资料不得送审。经工程结算审计单位审定的结果作为最终的结算价格。

（2）项目投运后梳理合同执行情况和费用入账情况，出具合同清单，在结算报告出具5个工作日内及时上报至财务及项目管理中心。

表5-15　　　　　　　　　工程结算阶段技经管控卡

工作名称	时间	涉及单位				主要内容	完成标记
		设计	施工	监理	造价		
结算工程量与投标工程差异管理	提交结算资料送审前					提交结算资料与投标工程量清单的差异报告	
						组织施工结算资料的审核会签，执行相关会签规定及流程	
						未进行审核会签的结算资料不得送审	
物资入账情况梳理	汇总编制甲供材料清单					对于计划上报不成功、被退回的计划，应删除冗余计划信息	
						实际使用的物资，如实反馈在甲供材料清单中	
						上报未使用的物资安排后续工程消减使用，并办理入库后，履行领退料手续	
						利库使用的物资办理通用领料单，完成物资入库，确保账实一致性	
	要点提醒					工程上报未使用物资在结算前完成入库退料	
						非工程上报、利库使用的物资，及时办理领料	
非物资合同管理（施工、监理及其他服务合同）	结算报告出具5个工作日内					登录经法系统，通过部门合同查询，获得项目所有相关非物资合同清单	
						梳理合同执行情况和费用入库情况	

第七节

建立全过程造价标准化档案

电网工程管理过程中会形成大量以文字、图片、会议协调等形式的过程资料，例如核价材料、设计变更证明材料等，是工程结算的重要参考和后期审计的佐证依据，因此建立全过程造价档案具有很强的必要性。

在基建工程档案管理日益规范化的背景下，公司研究建立了电网工程全过程造价档案体系，加强造价管理档案收集、整理、归档等全过程管控。档案整理过程中一方面能够检查现有工程的设计、施工、监理、审计等单位是否落实工作责任，有利于及时发现问题并修正完善。另一方面能够反馈于电网建设过程，推进电力设计、施工和审计等过程的标准化，提高造价管理质量。

全过程造价标准化档案涵盖以下两个方面：一是工程可研、初步设计、施工图预算等评审意见和批复文件，以及施工合同、补充协议等，确保工程前期工作的合法合规性；二是工程开工建设后所有涉及造价管理的签证、变更、调价、结算、审计等各类事项的过程资料、会议纪要和报告结论，确保支付的每一笔费用均有据可依、有据可查。全过程造价档案目录示例见表5-16。

表5-16　　全过程造价档案目录示例

工程名称：
责任人：
开工时间：　　年　　月　　日　　　　竣工时间：　　年　　月　　日

序号	资料名称	备注
1	可研批复、评审意见	纸质版、电子版

续表

序号	资料名称	备注
2	初步设计批复文件、评审意见	纸质版、电子版
3	初步设计批准概算书	纸质版、电子版
4	施工图预算评审意见	纸质版、电子版
5	施工图预算书（建安工程版预算和全口径预算）	纸质版、电了版
6	施工招标文件、招标工程量清单、最高投标限价	电子版
7	施工合同、补充协议、中标通知书、投标报价	电子版
8	技经交底记录	纸质版、电子版
9	开、竣工报告（启动投产签证）	电子版
10	设计变更及现场签证管理台账	纸质版、电子版
11	设计变更与现场签证、工作联系单、工程量确认单	电子版
12	材料价格审核单	纸质版、电子版
13	分部结算报告（包含分部结算审定单、结算审定书）	纸质版、电子版
14	竣工结算送审书	电子版
15	竣工结算审计报告（包括竣工结算审定单、结算审定书、甲供材料超欠供表、金具置换表等）	纸质版、电子版
16	结算协调会议纪要	纸质版、电子版
17	其他	

为进一步规范造价档案的管理流程，保证造价档案的及时性和完整性，公司推进建设的全过程造价咨询智能管控系统实现了造价电子档案的功能，具体内容可见本书第六章第二节相关内容。

第六章

电网工程全过程造价咨询信息化应用

信息化系统的应用是实现造价管理精益化的重要手段和支撑。国网江苏电力根据造价管理的地区工作特点和人工管理薄弱环节，研究并应用了用于严格规范设计变更和现场签证工作流程的设计变更及签证线上审核系统，用于管理全过程造价咨询人员和业务、辅助建立造价管理档案的造价咨询智能管控系统，用于辅助计算进度款和材料价格预测的4D造价管控系统，以及用于对比分析估算、概算、预算、结算、决算的造价咨询业务综合管理系统，本章详细介绍了这四项系统的主要功能、技术原理、应用成效等内容。

第一节
设计变更及签证线上审核系统的应用

设计变更及签证线上审核系统能够实现设计变更及现场签证的在线发起、审批、上传和材料报验，并完整记录各级审核人员的审核意见和审核金额。

一、变更及签证分类

设计变更与现场签证分类标准见表6–1。

表6–1　设计变更与现场签证分类标准

分类标准	设计变更	现场签证
专业分类	变电、线路、土建	
审批类型	一般设计变更（10万元以下）； 一般设计变更（10万～20万元）； 重大设计变更	一般设计变更（5万元以下）； 一般设计变更（5万～10万元）； 重大签证
事由及内容	政策法规和标准规范发生变化； 勘察设计深度不足； 工程建设环境变化； 建管单位要求； 施工条件变化； 设计方案变化； 其他事由	政策法规和标准规范发生变化； 建设情况变化； 设备原因； 建管单位要求； 其他参建单位要求； 不可抗力； 其他事由

二、工作流程

设计变更及签证线上审核系统的流程主要包括发起、审批、上传、审核四步。图6–1、图6–2分别展示了一般设计变更和重大签证的审批流程和注意事项。

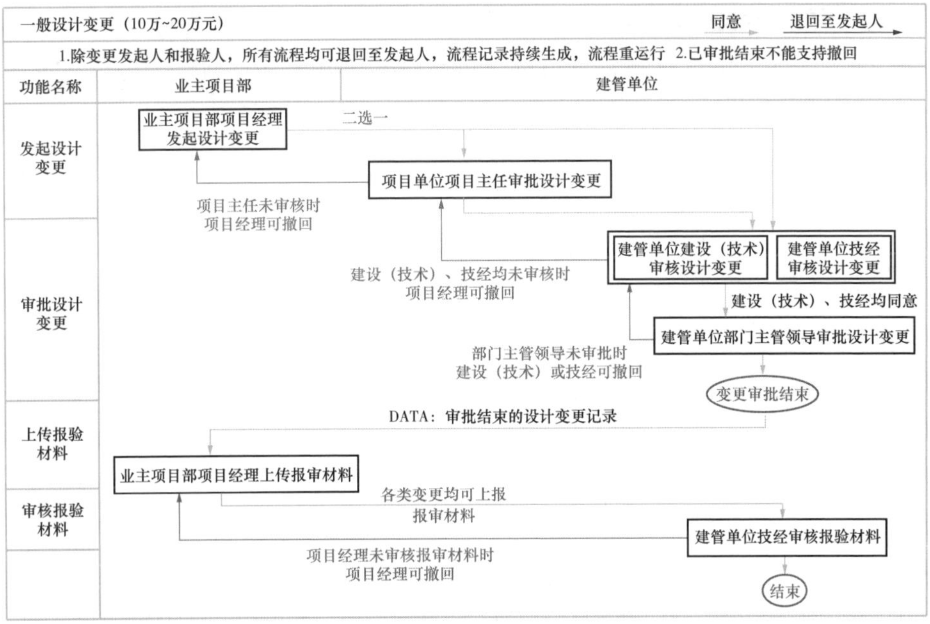

图6–1　设计变更审核流程（一般设计变更10万～20万元）

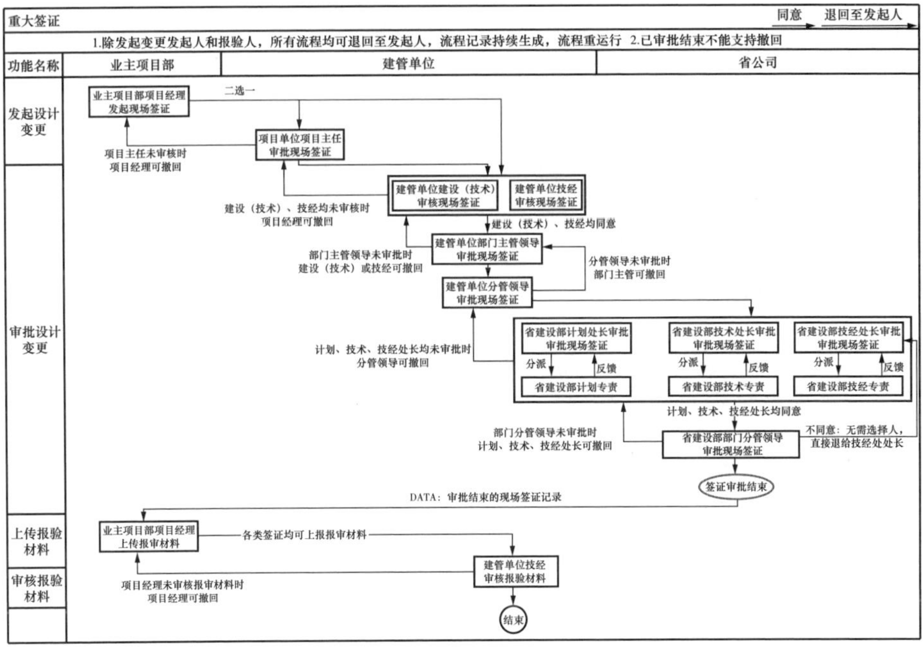

图6–2　现场签证审核流程（重大签证）

1. 发起流程

设计变更由业主项目经理发起并填写，分为基本信息填写、变更信息填写、发起变更三个步骤，如图6-3所示。

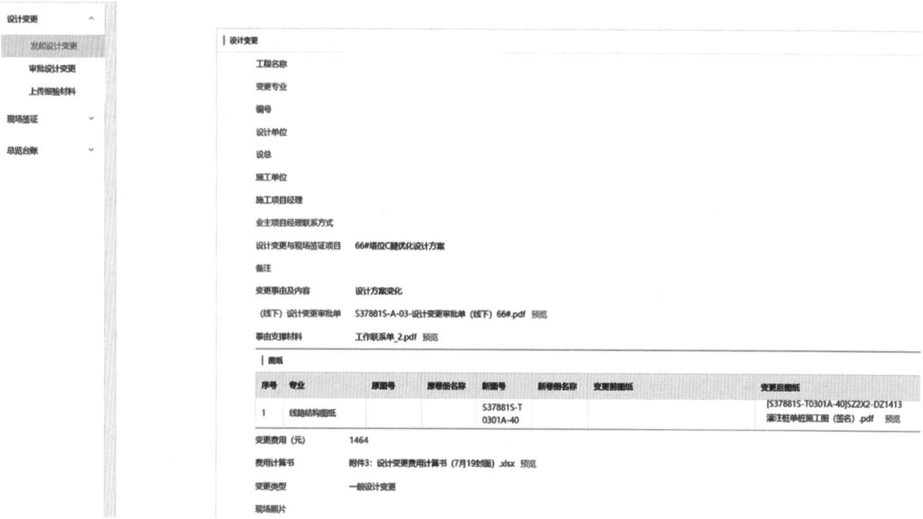

图6-3 发起设计变更

2. 审批流程

设计变更可由建管单位建设、技术、技经人员、部门主管、分管领导以及省公司计划/技术/技经管理人员和领导查阅，对审批单具体信息进行层层审批，如图6-4所示。

3. 报验材料上传流程

业主项目经理查阅已报验信息及审批单信息后，下载报验及审批全部附件的压缩包，并上传报验材料。

4. 报验材料审核流程

建管单位造价人员对业主项目部项目经理上传的报验材料进行审批。

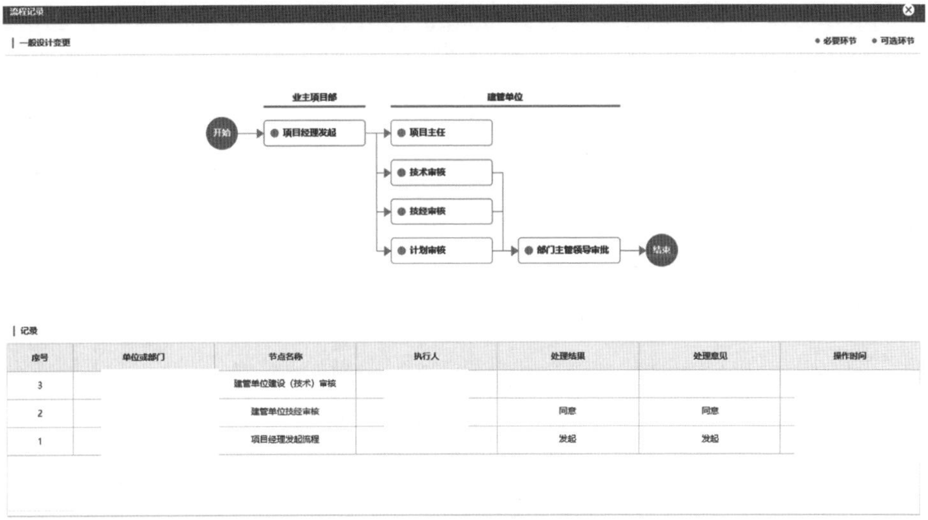

序号	单位或部门	节点名称	执行人	处理结果	处理意见	操作时间
3		建管单位建设（技术）审核				
2		建管单位技经审核		同意	同意	
1		项目经理发起流程		发起	发起	

图6–4　设计变更审批

第二节
全过程造价咨询智能管控系统的应用

研究和开发了全过程造价咨询智能辅控系统，一是实现对现场造价驻点人员的线上管理，二是实现对概算批复、预算审核、开工、竣工和送审等造价关键节点的可视化管理，三是实现现场日常造价管理工作动态的发布以及出现争议问题时协调过程的记录，四是实现造价咨询成果文件的线上提交和自动归档，辅助建立全过程造价咨询标准化档案，五是实现输变电工程造价数据与监理等数据的互联互通。

一、项目人员管理

项目人员管理包含单体台账、人员档案、到岗打卡、到岗看板等功能，全面展示各项目驻点人员信息、分布状况、到岗记录履职痕迹。项目人员管理界面如图6–5所示。

图6–5 项目人员管理界面

二、造价现场管控

造价现场管控包含工作日志、工作月报、发现问题、争议协调等功能。

1. 工作日志

工作日志可支持驻点人员在履职期间随时上传现场影像资料、工程测量记录等。通过形成造价管控日志，方便管理人员及时把握现场造价工作动态。

2. 工作月报

工作月报可支持施工单位及时汇报项目施工进展情况，分析月度工程量与投标书、计划工程量差异原因。工作月报界面如图6–6所示。

3. 发现问题

发现问题可支持项目人员及时记录现场发现的问题，并标记问题来源、层级、专业等，通过问题分类及问题出现频率分析造价管理的薄弱点，制定问题解决对策和补强措施，降低问题重复出现概率。发现问题界面如图6–7所示。

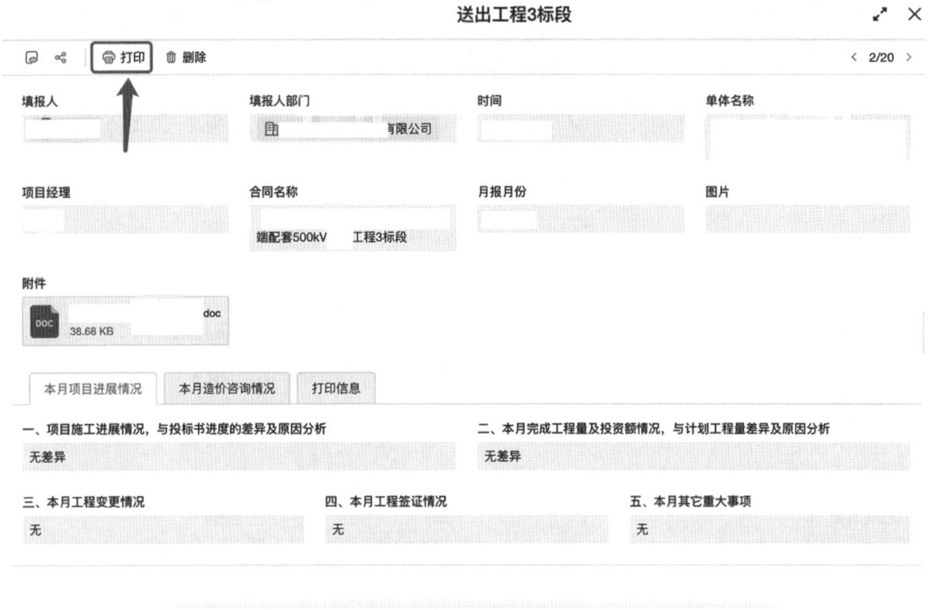

图6–6　工作月报界面

图6–7　发现问题界面

4. 争议协调

争议协调功能可将争议协调工作前移，将施工单位提出的工程量清单变更内容上报，并记录施工、设计、监理、咨询单位立场意见，推送建管单位管理人员审核。争议协调界面如图6–8所示。

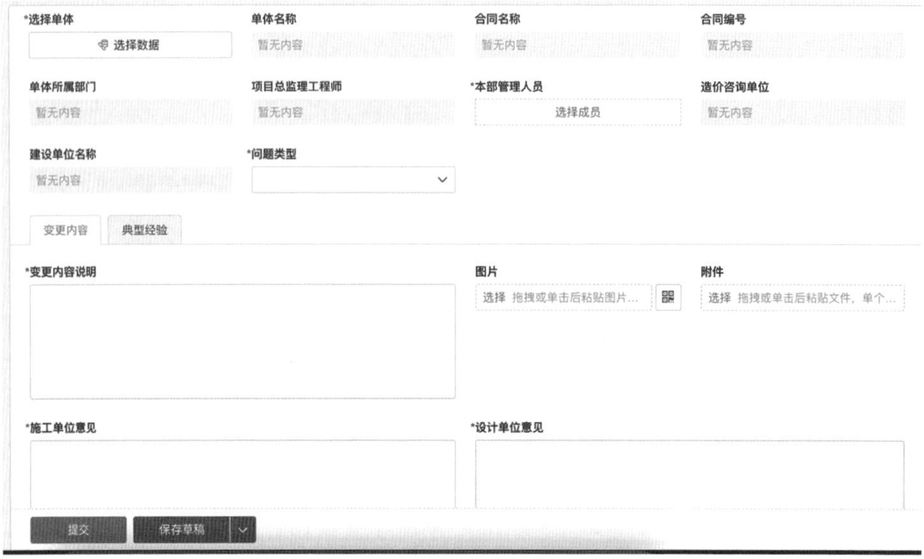

图6–8　争议协调界面

三、关键节点管控

关键节点管控可设定与工程造价管理相关的关键节点计划任务，实现计划到期提醒、计划逾期预警、计划完成自动勾销功能，并形成节点看板，展示技经管理工作计划及完成情况，具体如图6–9所示。

四、造价管理文件

造价管理文件可梳理过程文件的编制、审核、归集各个环节的分工情况，通过线上流转的方式，提升效率，保全履职痕迹。关键节点管控界面、工程进度款审查如图6–10、图6–11所示。

图6–9　关键节点管控界面

图6–10　工程进度款审查

五、造价归档文件

造价归档文件可统一归档全过程造价咨询中的相关文件，包括项目前期文件、过程资料、结决算资料等。并按照专业、项目阶段等标签对业务场景

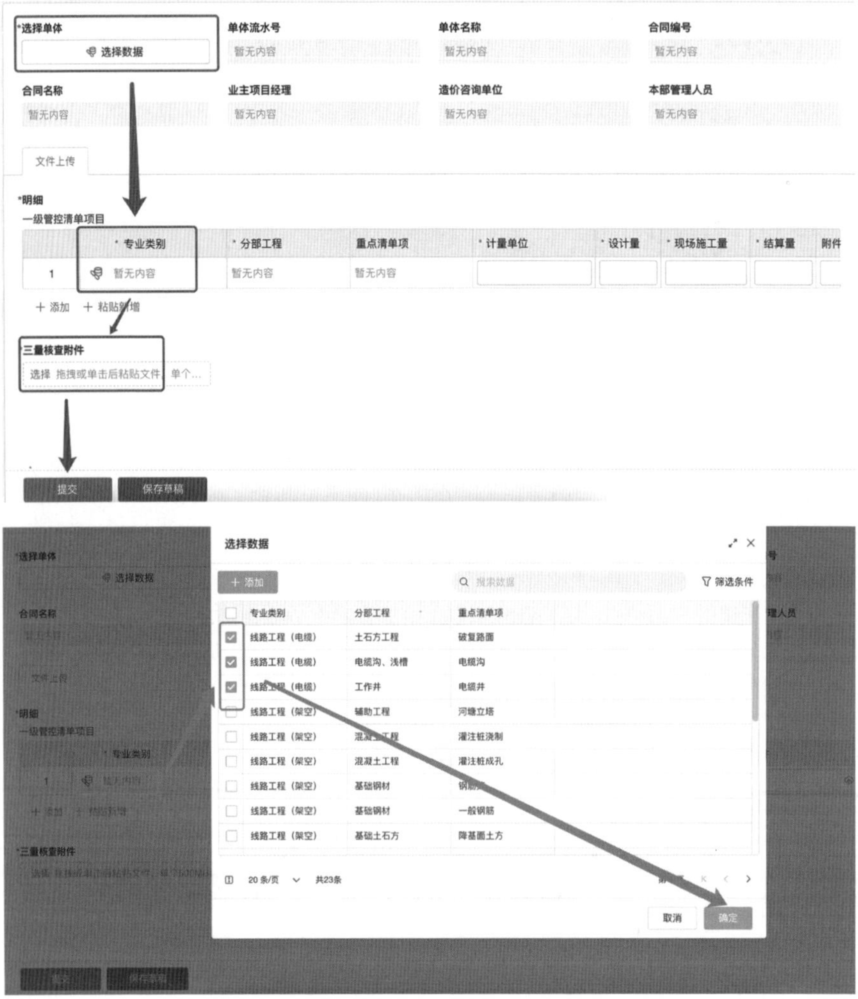

图6-11　“三量核查”填报

中的文件进行结构化归类，方便相关人员查询下载。造价文件归档操作及查看界面如图6-12、图6-13所示。

六、知识经验库

知识经验库通过总结上传现场人员工作典型经验，收集归档标准管控文件、规程规范等文件，打造造价咨询知识库，便于现场人员搜索、查询和借鉴，提高现场履职效率，辅助提升队伍综合能力。知识经验库包含典型经验库和乙供材料价格库两个模块，分别如图6-14、图6-15所示。

图6-12　造价文件归档操作界面

图6-13　造价文件档案查看界面

图6–14　典型经验界面

图6–15　乙供材料价格库界面

第三节
基于BIM平台的4D造价管控系统的应用

基于BIM平台的4D造价管控系统通过在BIM平台引入时间维度，将模型数据与造价信息关联，令其具备BIM技术的可视化、模拟性，同时实现对任意时间点的一键算量计价、价格预测、自动结算等功能，以达到工程项目造价控制的最优效果。

一、BIM模型工程量计算研究

国网江苏电力目前依托BIM技术开展智慧工地管理，进行进度管控、远程管理、设备材料管理以及应急管理等工作。在进度管控方面，利用BIM的模块化特点计算工量来实现整体进度的量化控制；在远程管理方面，通过BIM模型将关键人员及大型机械的定位体现在三维场景中，便于管理人员远程感知；在材料及设备管控方面，依托BIM设计深度实现主材、设备的数量和投资完成统计，辅助阶段性工程量及造价管控；在应急管理方面，将人员、机械撤离最佳路径在BIM场景下动态推演，提高紧急情况下应急处置能力。

当前的工程建设管理应用BIM技术偏向于进度、技术管理等方面，造价管理一般通过统计、仿真采集的数据，存在精度差、不连贯等问题，且仅对已发生数据进行处理，不具备分析预测功能。4D造价管控系统通过对变电站建（构）筑物、设备管线进行BIM建模，并对构件属性识别转化与编辑、辅助设计、附件归属识别等功能进行二次开发，提高工程量计算精度。

1. 构件属性识别与编辑功能

BIM在设计模型时，很少考虑后期造价管理的算量需求，赋予模型构件的信息会与算量模型所需信息存在偏差，导致算量工作存在困难，因此高效利用模型中原有信息并对原有信息进行编辑、增加以及删除可提高算量的精准度。

2. 辅助设计功能

辅助设计功能使得BIM设计人员快速准确完善构造柱、圈梁、过梁、某些装饰等构件的智能化布置，可提高造价人员的工程量计算速度及工程量计算的准确性与完整性。

3. 智能化构件过滤功能

智能化构件过滤功能可按照楼层、专业、系统、构件名称等逐一细化，有助于造价人员快速查找、定位、修改、提取项目构件相关信息，如造价人员需要查看三层给水立管JL-1，则可打开过滤器，只需勾选第三层楼层，再勾选三层下的给排水专业给水系统中的JL-1，则模型中只有JL-1可见，其他构件全部隐藏，可实现JL-1工程量信息的快速查询与提取。

4. 管件及管道附件归属识别功能

识别管件及管道附件归属，如室内钢塑复合给水管DN70，软件可自动识别模型中该给水管道上的所有管件与附件是归属于室内钢塑复合给水管DN70的，便自动将管件与管道附件所占长度合并到管道长度中，使得安装工程的工程量计算更加准确。

4D造价管控系统造价工程量管理界面如图6-16所示。

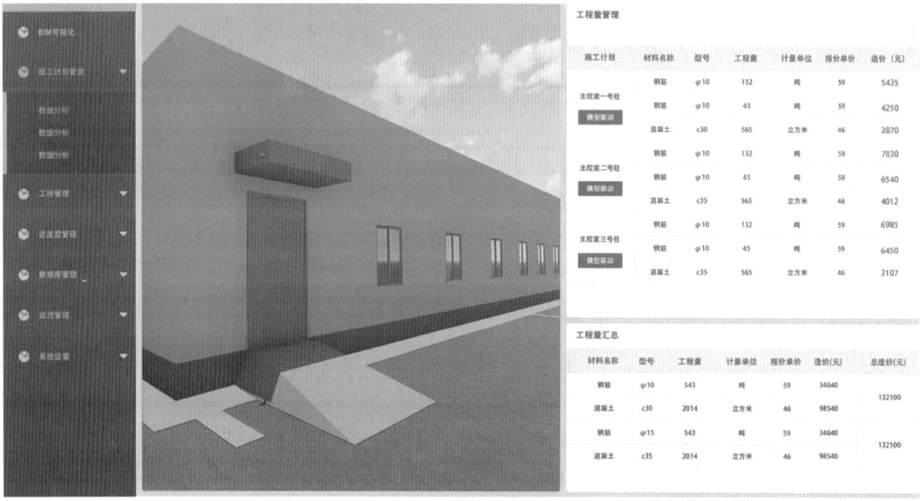

图6-16 工程量管理界面

二、材料价格预测模型研究

材料价格预测基于造价分析、结算管理、材料价信息等现有数据库的历史数据，同时采集实时的材料价格，建立滑动平均预测模型。假定收集到价格变化的T期历史数据为$x_1, x_2, \cdots, x_T$，从这组数据出发，求得$\widehat{x}_{t+1}$，$\widehat{x}_{t+2}$，…预测值价格。预测应遵循“重近轻远”的原则，因此对历史数据加以不等权，近期数据给予较大权数，远期数据给予较小权数，从而强化近期数据的作用，弱化远期数据的影响。一次滑动平均法对近N期数据加上等权$1/N$，忽略前期的数据，即加上零权，N大小数据视具体情况而定。下一期的价格预测值为

$$\widehat{x}_{t+1} = M_t = \frac{1}{N}(x_{t-N+1} + x_{t-N+2} + \cdots + x_t),\ t=N, N+1, \cdots, T$$

当不断取得新数据x_t时，进行向前一期的滚动预测，至第T期，$\widehat{x}_{T+1}=M_T$。最终下一次的材料价格预测值可以表示为

$$\widehat{x}_{t+1} = \widehat{x}_t + \frac{1}{N}(x_t - x_{t-N})$$

三、主要功能实现

4D造价管控系统功能涵盖一键算量计价取费、方案变更费用预测、材料价差预测、工程造价动态监控、工程进度款精准支付、自动生成分部结算及工程结算数据表，以及造价数据库的存储、查询、分析等。

1. 一键算量计价取费

4D造价管控系统将工程施工过程数字化展现，通过模型算量技术对BIM模型进行造价转换，能够使施工进度分阶段汇总统计出实时工程量，自动套用相应的定额，实现一键算量计价取费的功能，并生成详细的造价信息文件。这一功能大幅减轻了结算审计、审核的工作量，同时提高了施工过程透明度。该系统可以通过查看设计模型自动提取工程量，并根据预算材料价一键计算出方案的造价，如图6-17所示。

2. 方案变更费用预测

由于电网工程施工周期较长，施工费受到不确定因素多、政策变化频繁

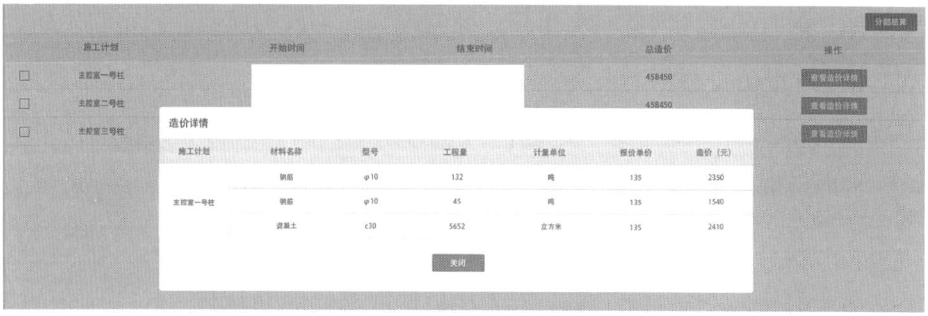

图6-17　一键算量计价取费

（价格调整、税费调整）等诸多因素的影响，会导致工程的量、价、费出现多次、反复的改变。4D造价管控系统能够对施工中的设计优化、方案变更或者其他调整变化引起的工程量变更进行模拟，进而对相应发生的费用进行预测、对比，提供最佳设计变更方案。该系统通过设计不同实施方案，对比方案的总造价、各项材料价，方便实现材料选配，让现场施工方案的制定更加经济合理，如图6-18所示。

图6-18　方案变更费用预测

3. 材料价差预测

工程材料具有门类复杂、数量较大且来源不一的特点，材料费是工程施工费中占比最大的部分，通常占建安费用的70%左右，因此材料价差调整也是造成结算费用波动的重要因素。针对这一问题，系统广泛收集各类价格网站的材料价格信息和相关数据，利用价格预测模型预测价格趋势，及时进行判断和预警，并采取预控措施避免或减少大规模价差调增事件的发生。系统可以分不同的时间段对工程量和造价进行查询，如果在施工过程中价格发生变化，可以按照当前的价格调整施工方案，及时优化整体的施工造价，如图6–19所示。

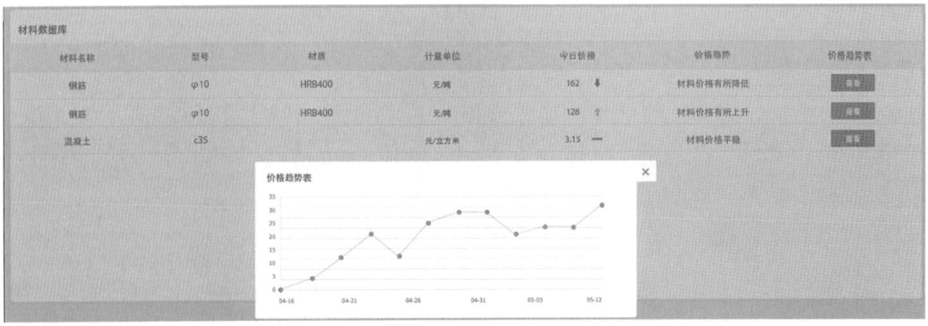

图6–19 材料价差预测

4. 工程造价动态监控

根据以上三项功能即时反映的设计变更、签证、价差调整等引发的工程造价变动，系统自动将实际费用与预算费用进行偏差计算，并设置合理偏差比率进行造价监控，一旦偏差超过限额，系统将报警提醒，设计、施工单位等相关单位需及时分析原因。

5. 工程进度款精准支付

支付工程进度款时，完工工程量一般只进行估算且不考虑其他变化因素，容易发生工程款超付现象，增加建设单位的资金成本和最终结算的难度。4D造价管控系统实现的完成工程量、设计变更等对造价信息内容的同步更新，可以准确地查询到施工的实际进度及发生费用，精准地完成月度、阶段进度款的支付工作。系统能统计并展现工程当前完成情况，每天的工程用量、发生费用，以及工程完工还需发生的费用，如图6–20所示。

6. 自动生成分步结算、工程结算数据表

由于系统中的量、价、费可实时更新，在某分部工程完成或工程竣工后，无须再进行烦琐的工程量核对工作，系统可自动生成分部结算、工程结算数

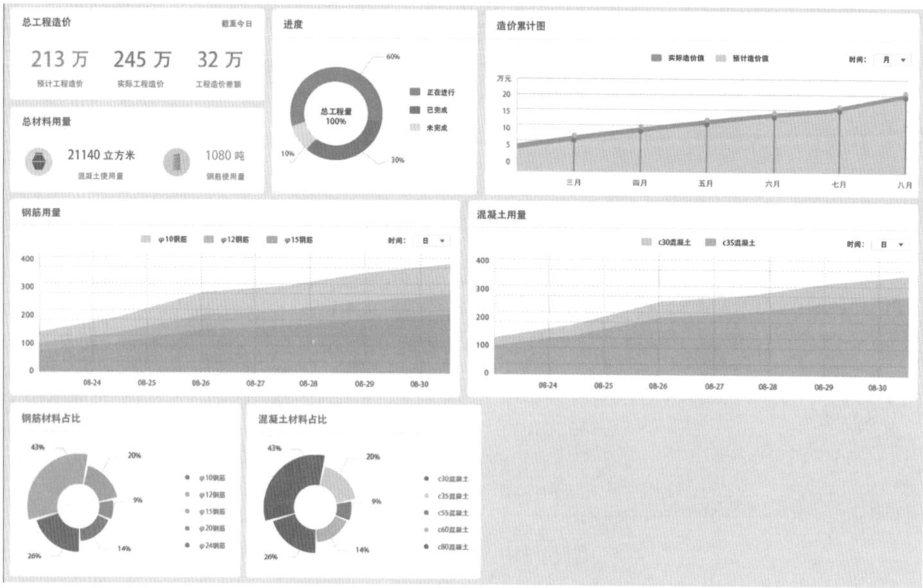

图6–20　工程进度款精准支付

据，提高结算效率，保证在规定的时限内完成相应的工作，节约结算阶段的成本。另外，根据预设置的各分部结算节点，系统可以自动统计已经支付的进度款，自动分类计算单位、单项、建设项目的工程结算价款。

7. 造价数据库功能

随着系统的使用，可逐步收集各种规模输变电工程的造价数据，实现造价数据的动态采集、查询、分析及后台管理等功能，建立形成电网工程造价数据库，为挖掘造价数据的潜在价值提供基础条件。造价数据库功能界面如图6–21所示。

4D造价管控系统先后投入应用至中吴、大港、宿豫东等500kV输变电工程中，产生了良好的经济效益和管理成效。其中材料价差预测功能避免了大规模差价调增事件，节省材料费约59万元；方案变更预测功能排除大额变更方案，节省工程造价约22万元，共计节省费用约81万元。

造价数据库（总计）

材料名称	材料型号	材质	工程量	计量单位	报价单价	造价
钢筋	φ10	HRB400	0.52	吨	26.8	6546
钢筋	φ10	HRB400	0.52	吨	26.8	6546
混凝土	c30		1321	立方米	312	24502
混凝土	c35		541	立方米	.301	24480

造价数据库（部分）

施工位置	材料名称	材料型号	材质	工程量	计量单位	报价单价	造价
主控室--1层--1号柱	钢筋	φ10	HRB400	0.52	吨	26.8	6546
主控室--1层--2号柱	钢筋	φ10	HRB400	0.48	吨	26.8	5936
主控室--1层--3号柱	混凝土	c30		1321	立方米	312	24502
主控室--1层--4号柱	混凝土	c35		541	立方米	.301	24480

图6–21　造价数据库功能界面

第四节
造价咨询业务综合管理系统的应用

造价咨询业务综合管理系统将电网工程投资估算、初设概算、施工图预算、工程量清单、招标控制价和工程结算等数据按电压等级、结构形式、设备型号等分类建立数据库，根据造价数据类别形成标准化数据模型，实现对全过程造价数据的智能比对管理，主要包括任务自动分配与归档、清单及最高限价比对、智能生成清单及最高限价、全面“五比”、知识经验交流五大功能。

一、任务自动分配与归档

任务分配模块由业务总监编辑工程量清单需求信息后，进行任务自动分配。任务分配操作界面如图6–22所示。

图6-22　任务分配操作界面

系统可上传项目批文及图纸等文件，供档案管理人员对造价文件进行收集归档，如图6-23所示，同时为系统数据库提供源源不断的数据支持。系统现已收集近几年共5000多个电网招标项目的招标控制价，针对分项工程综合单价，设定合理的价格区间，允许一定比例的价格波动。新项目导入后，可自动纳入数据库，即时补充更新，逐步提高系统可靠性和代表性，发挥大数据和智能化管理的优势。

图6-23　归档管理

二、清单及最高限价比对

招标控制价和初步设计概算文件上传后，可对招标控制价和初步设计概算进行对比。费用对比根据导入的工程文件分为变电站工程、架空输电线路工程、电缆输电线路工程。清单编制操作界面如图6–24所示。

以变电站工程为例，系统可生成总费用对比表、概算建筑部分汇总表、概算安装部分汇总表、概算其他费用汇总表等4张费用对比表，如图6–25所示。系统自动对每个条目与基准数据库相应的条目进行“模糊”和“精准”两种形式的比对和审核，发现异常情况及时报警并提取；差异列红色数字代表招标控制价超过初步设计概算，从而进行异常信息提醒。

图6–24　清单编制操作界面

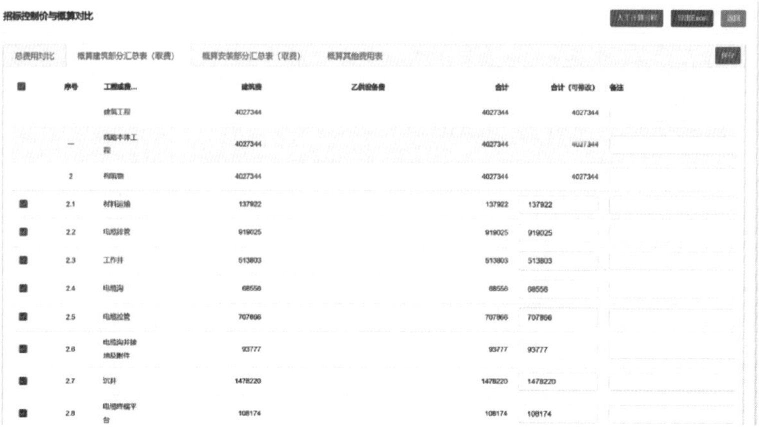

图6–25　概算建筑部分汇总表

三、智能生成清单及最高限价

对于紧急或标准项目，系统可通过选取电压等级、工程规模等基本参数，自动提取数据库内相应数据，实现一键生成对应项目的工程量清单及最高限价的功能。

分别就单项工程、单位工程、分部工程、分项工程，核对工程量清单中缺项漏项、甲供材料单价、计量单位、项目特征等内容，针对招标控制价中计价程序和费用的取定、定额的套取等内容，精准识别存在的问题，对差异内容做出标识，自动分析偏差原因，在线修改，循环比对，直至符合要求，全面替代人工审核，实现资源集约化。

四、全面“五比”

根据各阶段造价指标的逻辑关系和差异原因，预设报警定值，系统通过造价管理指标的相互监督比照和循环比对分析，对超出预警范围的数据进行报警，实现工程估算、概算、预算、结算、决算数据的纵向全面对比。

五、知识经验交流

系统可对清单编审过程中遇到的各类问题和心得、最新的管理要求、价格水平调整文件等进行创建和共享，实现工作人员的学习交流和相关文件获取功能。知识经验交流界面如图6-26所示。

图6-26 知识经验交流界面

第七章

电网工程全过程造价咨询成效与建议

全过程造价咨询在四项试点工程中的实践探索为国网江苏电力电网工程造价管理合规化和精细化积攒了宝贵的经验。本章主要介绍全过程造价咨询的实践成效，发现的问题以及对应的工作建议。

第一节
实践成效

一、管理成效

国网江苏电力通过积极探索造价管理新模式，引进专业造价咨询单位形成了一套涵盖线路、土建、安装全专业，覆盖工程前期、过程和竣工全过程的造价管理体系，在造价管理、信息沟通以及制度建立等方面取得了良好的管理成效。

1. 延伸造价管理

通过延伸造价管理的宽度，聚焦项目前期管理，从初步设计阶段即跟进工程造价，强化费用预控。通过组建现场造价咨询项目部拓展造价管理的深度，依托现场驻点开展隐蔽工程见证、成本跟踪、争议协调等工作，实现“浸入式”造价管理。

（1）及时发现现场实际做法与图纸、招标清单的差异。全过程造价咨询项目部在工程现场对施工工序逐条对照招标清单进行查验，及时发现实际做法与招标清单的差异（如招标清单要求“墙面满铺钢丝网”，实际施工时钢丝网只在不同材料交接处铺设），将未实行工序涉及的费用在分部结算时核减，切实发挥现场监督作用，体现造价管控优势。

（2）参与隐蔽工程确认工作，有效弥补现场造价管理短板。在隐蔽工程施工过程中，造价咨询项目部参与现场实地踏勘，以及灌注桩基础、基坑基槽、场地平整等各项隐蔽工程的验收工作，在隐蔽工程覆盖前对关键环节进行实测实量并确认，有效减少了隐蔽工程在后续结算时发生争议的频率，为隐蔽工程造价合理管控提供准确依据。

（3）主动掌握设计变更及签证的工程量准确性。由于全过程造价咨询单位在项目建设前期即介入，熟悉项目招标清单、投标报价、施工图纸等前期资料，在参与关键工程的工程量确认时能够从专业角度对设计变更和现场签证发生事由的合规性、技术经济的合理性，尤其是工程量的准确性以及预算价的精准性进行严格把关与审核，为相关单位审批变更和签证提供有力的技术支撑，减少结算难度。

（4）精准审核进度款及农民工工资支付。在审核工程进度款及农民工工资报审费用时，造价咨询项目部结合现场实地评估的工程进度及工程量计算应付进度款项及农民工工资，并附全过程造价咨询审核意见单，为建管单位提供参考依据，真正做到工完、量清、价实，达到合理控制工程投资成本的目的。

（5）强化关键节点风险防控。开展多环节造价对比和专项工程造价分析，挖掘造价数据价值，并从设计、施工招投标、现场管理角度提出管理建议，实现造价管理的精细化目标。

2. 加强专业协同

在沟通对象上，设计阶段加强与设计单位的沟通，确保落实限额设计、清单准确等要求；建设实施阶段注重与监理、施工单位的沟通，及时把关现场签证、设计变更等事项；竣工结算阶段积极搭建审计与参建各单位的沟通渠道，推进结算工作的有序开展。

在沟通平台上，建立全过程造价咨询管理系统，接入造价、监理、审计等单位管理专责，实现管理流程线上化、现场实况共享化、沟通信息留痕化，保障造价信息的时效性和真实性。实行造价咨询项目部月报工作制，按月汇报工程进展、资金结算进度、现场变更签证等内容，对争议问题当月反馈当月协调。

3. 强化成果应用

出台《全过程造价咨询管理大纲》《江苏省全过程造价咨询管理办法》等指导文件，涵盖编制依据、项目概况、造价咨询组织机构、全过程造价咨询业务范围、咨询单位管理要求等7项内容，制定造价咨询21项标准表式，覆盖初步设计审查至竣工结算审查造价管理的全过程，包括农民工工资支付审查等重点事项。实现了全过程造价咨询管理工作的规范化、标准化，在实际实施过程中具有较好的实用性和可操作性。

二、整体经济成效

自全过程造价咨询工作试点应用以来，500kV输变电工程结算争议问题减少81%，平均内审核减率由过去的4.82%提升至9.48%，过程合计节约资金5430万元，具体统计数据见表7–1。

表7–1　全过程造价咨询第一阶段经济成效　（万元）

工程名称	清单审核到位节约资金	设计变更	现场签证	现场驻点发现的问题	分部结算审核
1	130	7.3461	0.6967	247.0005	1499.6907
2	2	0	48.3781	62.62	1097.08
3	60	6.96	274.2	254.18	186.17
4	190	0	1915.23	319	2648
合计	382	14.3061	2238.5048	882.8005	5430.9407

三、推广成效

经过四项工程的试点，电网工程全过程造价咨询工作积攒了丰富的工作经验，取得了良好的实践效果。2021年，全过程造价咨询在500kV新建工程中全面应用，2022年起，全过程造价咨询已在江苏省所有110kV及以上电网工程中全面铺开。

试点期间，国网江苏电力联合全过程造价咨询单位编写了存在专业难点、高频发生的108条结算典型问题，有力支撑和指导了后续结算管理工作的开展。

第二节 问题汇总

一、前期阶段

（1）根据后期对中标价的造价分析，设计单位对造价咨询单位在工程量清单和控制价审核环节列出的问题或提出的修改建议未能修改到位，导致施工及结算环节仍存在争议。

（2）设计单位一般不出具井点降水、基坑支护等措施工程的施工图纸，现阶段常规做法是由施工单位结合现场实际情况进行施工方案深化后绘入竣工图，通过上报措施费签证按实结算，导致不同工程间的结算价格差异较大。

（3）装饰装修、道路等工程的设计方案、使用材料标准不统一，如围墙涂料前几年常采用真石漆，近两年采用仿石漆、水包水真石漆。

（4）编制招标工程清单时，因设计图纸不详细或需二次设计，部分招标项目按暂估价计列，如装修材料、灯具、卫生器具、一体化泵站、消防系统等，导致实际施工中增加了认价环节，因认价缺乏竞争性，容易造成工程费用增加。

二、施工阶段

（1）未能及时查验实际施工中发生的未按照施工图纸或招标清单要求施

工的施工工序，导致在结算或分部结算时未能准确核减。

（2）砂石换填、井点降水、地基验槽、泥浆余土外运、鱼塘蟹塘等隐蔽工程或重要节点未留存准确的过程记录资料，实际发生的工程量无法验证，导致结算无据可依，易成为结算争议焦点。根据以往结算审计数据统计，竣工图中的砂石回填量普遍远超招标清单量。

（3）因疫情及其他客观原因，主设备及各类材料采购价格上涨明显，尤其是钢筋、型钢等材料价格的调整对工程总费用影响较大，导致工程结算价格易超概。

三、结算阶段

1. 结算资料提交不及时

第一，施工单位提交竣工草图不及时影响设计单位出版正式竣工图；第二，设计变更和现场签证审批手续或支撑依据不齐全影响结算送审资料的完整性；第三，乙供材料核价手续不规范且装饰装修、消防等特种材料询价困难，导致核价时争议较大、协调时间长，影响结算送审进度。

2. 结算审计周期过长

第一，施工单位响应审计需求慢。因结算送审资料的完整性和准确性不足，审计过程中需回复审计意见或补充审计资料，由于施工单位的结算积极性不高，导致审计周期过长。第二，因结算争议问题导致协调时间较长。审计过程中出现的重大结算争议问题主要集中在以下方面：①不构成工程实体的措施工程结算方式差异大；②政处问题造成施工单位前期窝工、后期赶工，人员多次进出场和人员调遣等费用，导致工程索赔或路径变更；③不同审计单位对相关审计依据把握的尺度不统一导致争议。

第三节 工作建议

一、设计阶段

（1）推行“一图到底”。督促设计单位提高施工图设计深度，确保招标清单项目特征与施工图一致，工作内容描述清晰、工程量准确，减少设计变更。要求施工图与招标图原则上必须一致，减少因施工图变化导致工程量清单特征改变或产生设计变更，增加工程费用。

（2）建立系统的装饰装修标准。对于装饰工程，建议试点建立一套系统、实用、美观的装饰装修标准，若采用新工艺或新材料，设计单位应向建管单位或省公司备案，并经询价及经济方案论证后方可画入图纸。此外，应对装饰、消防等工程的材料进行调研，明确暂估价材料和自行报价材料的划分标准，避免后期核价手续烦琐且费用偏高问题。

（3）特殊专业工程由建管单位自行招标或参与招标工作。目前土建工程中的消防系统、火灾报警系统等特殊系统中的设备只能乙供，普遍存在核价偏高，导致结算价与招标价偏差过大的情况。建议借鉴特高压直流公司做法，业主单位参与特殊专业工程招标工作。

（4）对于措施工程推荐两种方案。一是按项报价，降水及支护费用采用包干形式，结算不予调整，但设计单位需提供详细勘察资料，否则会增加施工单位投标风险。二是设计单位出具基坑支护图纸，提供详细的基坑支护方案、降水措施打井的位置图或工程量，但因设计单位施工经验不足，可能存在设计方案与实际施工方案不符的情况。

二、施工阶段

（1）设计单位出具设计变更时应同时考虑经济因素，对各类可行变更方案进行费用对比，选取经济性最优的设计变更方案。

（2）监理单位应注重对现场隐蔽事项和关键节点进行影像记录，同时督促施工单位及时完善签证等手续的签字确认，保障后期结算进度。

三、结算阶段

（1）将竣工图编制工作节点前移。在电气、土建交接至工程投产期间，加大竣工图绘图出版的推进力度，在设计合同条款中添加依据分部结算节点出具竣工图的条款约束。

（2）建立送审资料承诺制，提高结算资料完整性和准确性。结算资料一经在承诺书签字将不予调整，否则按照结算超期处罚，结算内审过程中分部分项工程工程量可调整但不可漏报。

（3）汇编结算争议案例，发布省级层面结算审核要点或典型案例集，以此作为结算工作导则，提高工程结算效率。

参考文献

[1] 邓梅.工程项目全面造价管理研究[D].北京：对外经济贸易大学，2005.

[2] 寇雪霞.基于BIM技术的工程项目全生命周期造价管理研究[D].哈尔滨：东北林业大学，2016.

[3] 孟劼.全面造价管理（TCM）在我国政府投资项目中的应用研究[D].南京：河海大学，2007.

[4] 国家电网公司基建部.基建技经管理标准化手册[M].北京：中国电力出版社，2016.

[5] 国家电网公司基建部.国家电网公司输变电工程造价管理知识读本[M].北京：中国电力出版社，2020.

[6] 国家能源局.电网工程建设预算编制与计算规定（2018年版）[M].北京：中国电力出版社，2018.

[7] 电力工程造价与定额管理总站.电网工程建设预算编制与计算规定使用指南[M].北京：中国标准出版社，2018.

[8] 常飞，贾劲颂，赵林夕，等.电力基建档案“回头看”管理简析[J].档案与建设，2021（12）：2.